長得好！採得多！

蔬果整枝超圖解

「やさい畑」菜園クラブ　編

瑞昇文化

前言

喜歡在家種植蔬菜的人，一定都有著想種出更好吃的蔬菜，或稍微提升收穫量的念頭，或者是想要降低病蟲害，長期享受採收樂趣，或是盡量節省勞力於狹小空間內種植出蔬菜等心願。

倘若想要「脫離初學者等級的家庭式菜園種植，挑戰下一階段栽培方式」的話，在此推薦學習如何對蔬菜進行「整枝」。這是因為『隨著培育方式不同』，蔬菜的最終樣貌也會隨之產生巨大變化。舉例來說，在相同環境下種植相同的小黃瓜幼苗，其成長結果和收穫量會隨著放任幾條藤蔓自由生長、以及讓植株從第幾節開始結果等因素而出現非常大的差距。

本書中收錄了活躍於家庭菜園雜誌「やさい畑（蔬菜園）」上的12位蔬果達人所帶來的19種蔬菜，共49種整枝方式。像是番茄的「U型整枝法」及茄子的「四角展開整枝法」，或是草莓的「吊床整枝法」等獨創性的整枝技巧，均以圖解方式進行了簡單易懂的解說。讀者們不僅會對刊載於書中，有別於坊間同類園藝書籍介紹的一般整枝方式的各種密技感到驚訝，而在實際進行蔬菜栽培後，肯定會再一次大為讚賞由這些點子所呈現的效果。

雖然使用了「密技」一詞來形容，但本書內介紹的方式並不需要特殊材料和大量空間。反之介紹的是運用支柱及栽培網等普通所需材料，及搬運箱、塑膠袋等隨手可得的道具，加上一點巧思加以活用的整枝技巧，應該非常適合想在規模受限的家庭菜園中，挑戰更高級蔬菜種植技巧的朋友們。除了各種蔬菜的基本整枝法以外，本書也收錄了土壤改良與定植方法和施肥、敷蓋方法，以及道具及所需資材的使用方式等基本資訊。就算是初次挑戰家庭菜園的朋友也能在本書的幫助下，挑戰種植出美味的蔬菜。

自行調整栽培方法，以採收品質更好的蔬菜，正是家庭菜園的醍醐味。參考由蔬果達人們長年累積的經驗所統整出的「蔬菜整枝方式密技」，希望大家都能享受到充滿創意的菜園生活。

『蔬菜園』菜園俱樂部

長得好！採得多！
詳細圖解 蔬菜整枝方式密技

[目次]

Part 1 果菜類

番茄

茄子

小黃瓜

Contents

Part 2

葉菜類

大蔥

蘆筍

花椰菜

Part 3 根菜類

牛蒡

地瓜

山藥

田園作業基本知識

Part 1

果菜類

番茄

番茄喜歡涼爽乾燥，較不適應日本高溫潮濕的夏季環境。因此可採用摘除所有側芽的單主幹整枝法，使莖葉不致雜亂生長並維持良好通風，特別適於栽培討厭潮濕的番茄。除大果番茄外，中果及小果番茄也都適合此種基本整枝法。

若不去除側芽會因分散植株養份而難以結果，因此需要定期疏芽。從本葉葉腋長出來的側芽非常容易辨識，就算新手也能夠輕鬆處理。

在栽培期程後半段，當主幹長到與支柱頂端等高後，將其摘芯以停止繼續長高，使養份可以集中到果實上。

如果因為下雨等因素急遽提高了土壤含水量，則容易導致裂果或病害。請儘可能在植株上覆蓋農膜之類的產品來遮雨。

基本栽培技巧

- 摘除所有側芽，只留一條主幹
- 當第一顆果實長到乒乓球大小時開始追肥。之後每隔2～3週追肥一次
- 當主幹與支柱等高時，進行摘芯
- 為防止裂果，盡可能進行遮雨栽培

追肥時機

第一次

當第一段果實長到乒乓球大小時

由於太早施肥會使莖葉過於茂盛而不易開花結果，故初次追肥需等到第一段果實長到乒乓球大小時再進行。種植的是中果或小番茄時，則在第一段枝條著果時，於植株根部施肥。

第二次後

間隔 2～3 週

第二次起請每隔 2～3 週追肥一次。由於肥料主要由根部末端吸收，可在畦面兩側撒上肥料後培土，或是在植株周圍用支柱等道具插洞後，往洞裡灑上肥料。

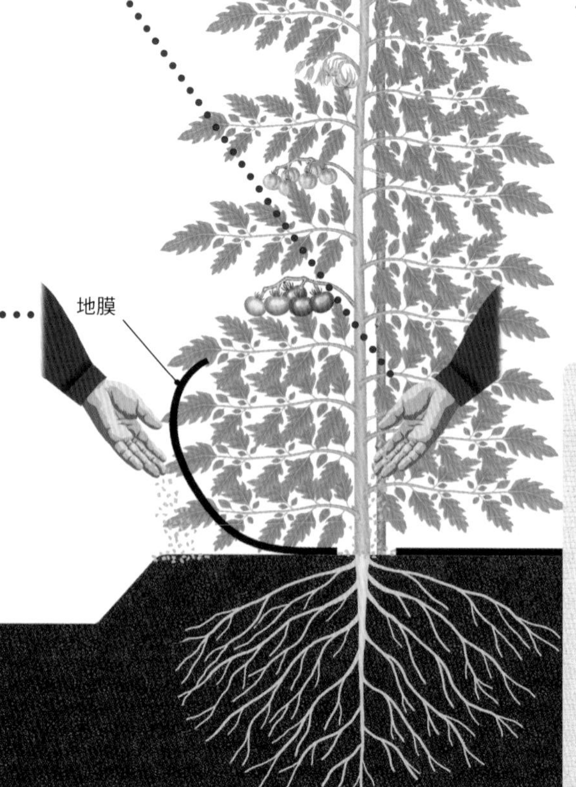

栽培資訊

畦面（雙行種植）
畦寬：120 ㎝
株距：50 ㎝（中果或小番茄 45～50 ㎝即可）
兩行間距：60 ㎝

所需資材
支柱（在植株旁邊插長約 210～240 ㎝的支柱。採雙行種植時推薦交叉架設支柱，可更為牢固）地膜、誘引繩、農膜、拱型支架

種植時期
（平地）4月下旬～5月中旬
（高冷地）5月中旬～6月上旬
（溫暖地）4月上旬～4月下旬

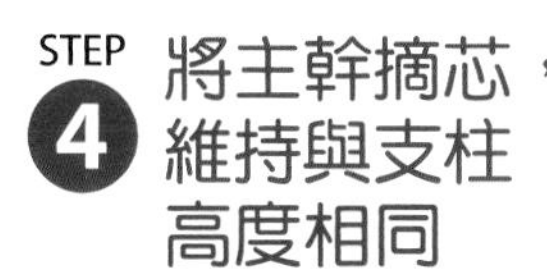

單主幹整枝法

STEP 4 將主幹摘芯，維持與支柱高度相同

當主幹長得與支柱一樣高時，以第 5 ～ 6 段花房為基準，留存花房往上數的兩段葉片後，其餘全數摘除。如此一來可將用來長莖葉的養份輸送到果實上。

STEP 1 摘除所有側芽

每週 1 次左右，趁側芽還沒成長時用手將從主葉葉腋長出來的側芽全部摘除。疏芽需在植株內部水份較充足的上午時進行。午後植株內水份減少，較不易折斷側芽。由於花剪刃片容易散播病毒，使用徒手摘取較為穩妥。

STEP 3 每一果房疏果至只剩 4 ～ 5 顆果實

種植大果番茄時，將每一果房疏果至只剩 4 ～ 5 顆果實，可使果實大小均一。倘若不在意整齊度的話，不疏果也無妨。

STEP 2 使第一花房結果

如果第一花房未確實著果，很容易「過度茂盛」，只長莖葉不結果。如果第一花房開花時溫度較低將難以受粉，可用手輕搖花房或輕輕拍打主幹以促進受粉。施用生長調節劑時，搭配震動授粉可降低空心果發生機率。

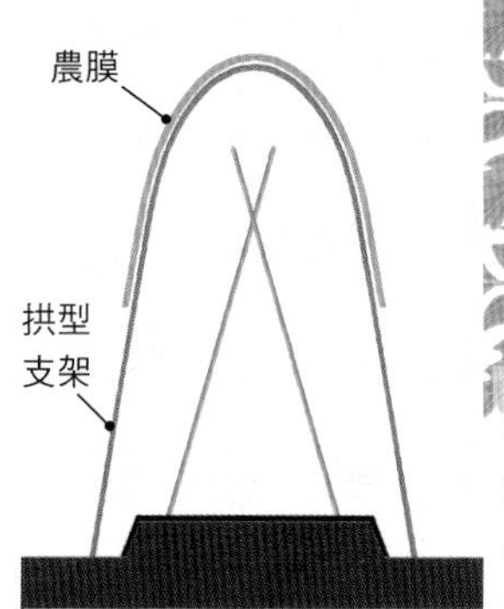

栽培時請盡量遮雨

為防止裂果及發生病害，需在植株上半部被覆農膜遮雨。定植後再設置即可。

去除下葉 維持良好通風

花苞和果實的養份由花房往下數 3 段的葉片所提供，因此將第三段之後的葉片全部去除是沒有問題的。已枯黃的下葉更需適當剪除，以維持良好通風。

U型整枝法

有這些好處！

→單主幹整枝法的衍生類型，易於整枝
→在觀察生長狀況後，
可由基本整枝方式直接切換成此方式
→可得到 10 段以上的收成。
不僅可長期採收，也能增加收穫量

栽培資訊

畦面（雙行種植）
畦寬：120 cm
株距：45～50 cm　兩行間距：60 cm
所需資材
支柱（長約 210～240 cm，架設時上端交叉）
地膜、誘引繩

雖然此法的基本整枝方式與（P10～11）相同均為單主幹整枝，但此法在主幹長到與支柱等高後並不加以摘芯，而是將其往另一側披掛，以垂掛方式繼續生長。

由於番茄的枝條很耐捻轉，可將其捻轉後，以不折斷枝條為前提小心進行捻枝（捻轉並折彎枝條）。一般整枝法只能有5～6段收成，實施此法後則不需摘芯，可得到10段以上的收成。

但隨著栽培期程拉長，需要定期追肥以防止植株疲憊。是一種適合用在中果、小番茄上的整枝技巧。

STEP 1 將側芽全部摘除，以單主幹整枝法施作

架在植株旁的支柱，以可安定負重和不怕強風的交叉支架為主。在支柱交叉點橫向架上支柱，用繩子牢牢綁緊。定植時採雙行種植，將側芽全部摘除，以單主幹整枝法施作。

STEP 2 為維持長期栽培，需進行追肥

採單行種植時，可將所有植株均施作U型整枝。在大果品種第一顆果實長到乒乓球大小，或中果及小番茄的果實開始發育時，均需追肥。為防止植株疲憊，應每隔 2 週追肥一次。

若一開始就只在兩行的其中一側定植，交互種植可確保植株的莖葉不會相互干擾。

STEP 3 將相對的植株拔除

請以繩子確實誘引主幹。採雙行種植時，若將所有植株均施作U型整枝法，會使得各植株的莖葉相互干擾，因此相對面的兩棵番茄只需留下生育狀況較好的植株，在整枝前先將另一棵拔除。

STEP 4 當主幹高度超出支柱時需捻枝

當主幹高度超出支柱時需捻枝，將主幹垂放到支架的另一側。中午以後，植株內部的水份較低，枝條較柔軟無力時是適合進行捻枝的時間點。需捻枝的部份可先用手指微掐，以防枝條一折就斷。

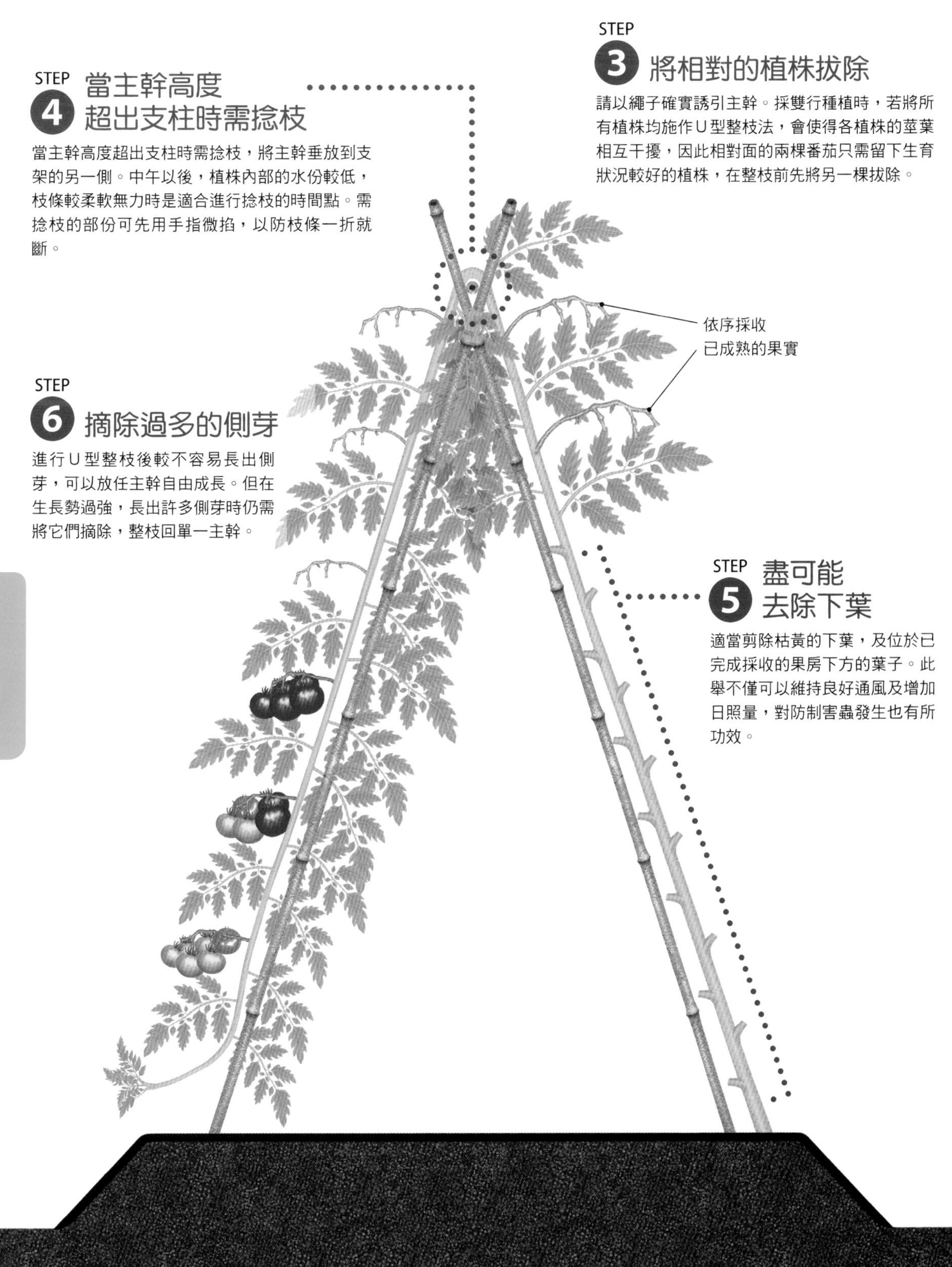

STEP 6 摘除過多的側芽

進行U型整枝後較不容易長出側芽，可以放任主幹自由成長。但在生長勢過強，長出許多側芽時仍需將它們摘除，整枝回單一主幹。

STEP 5 盡可能去除下葉

適當剪除枯黃的下葉，及位於已完成採收的果房下方的葉子。此舉不僅可以維持良好通風及增加日照量，對防制害蟲發生也有所功效。

更新主幹整枝法

有這些好處！

→由主幹和側枝接力栽培，於降霜前均可長期採收
→夏季和秋季加起來共有兩期收穫，
不需重新打理田地和植株
→活用栽培中期長出來的側芽，
到最後都能保有旺盛的成長力

栽培資訊

畦面（雙行種植）
畦寬：120 cm　株距：45～50 cm
兩行間距：60 cm
所需資材
支柱（長約 210～240 cm的支柱，架設時上端交叉）
地膜、誘引繩

番茄不耐高溫潮濕，一般在8月後就不易長出品質較好的果實。因此也可以修剪主幹更新植株，等到初秋時可再一次採收番茄果實。只要天氣沒那麼炎熱，等生長勢再次回復後可享受秋天摘番茄的樂趣。

但根據植株狀態不同，也可能無法回復生長勢。可利用敷蓋稻草等方式抑制土溫上升，盡量防止植株衰弱。

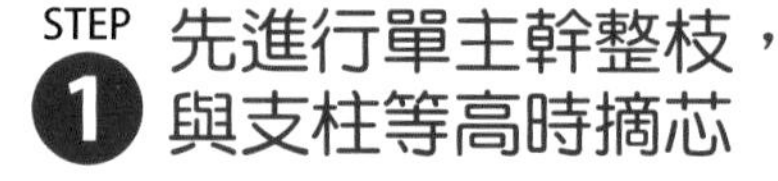

在夏季收穫前均採取基本整枝方式（與P10～11 相同）。當主幹長到與支柱等高時摘芯。主幹摘芯後會大為提高側芽生長率，曾除過側芽的地方還會再冒出新芽。

STEP 2 留下生長勢較佳的側芽任其成長

在7月上～中旬時，由下方長出來的側芽中挑選兩根長得比較好的側芽，其中一根做為備用暫時保留。摘除其餘側芽。依次採收主幹上頭成熟的番茄。

STEP
5 修剪主幹

於8月中～下旬，當主幹無法結出高品質的果實後，從先前培養的兩根側芽中留下生長勢較優的那根側芽，並剪去預備用的側芽。比側芽高的主幹則以不傷害到側芽為原則全數剪除。

運用主幹和支柱誘引側芽

STEP
3 誘引側芽

以不折損它為前提，將成長中的側芽小心地慢慢往外側誘引，以取得更多的光照。

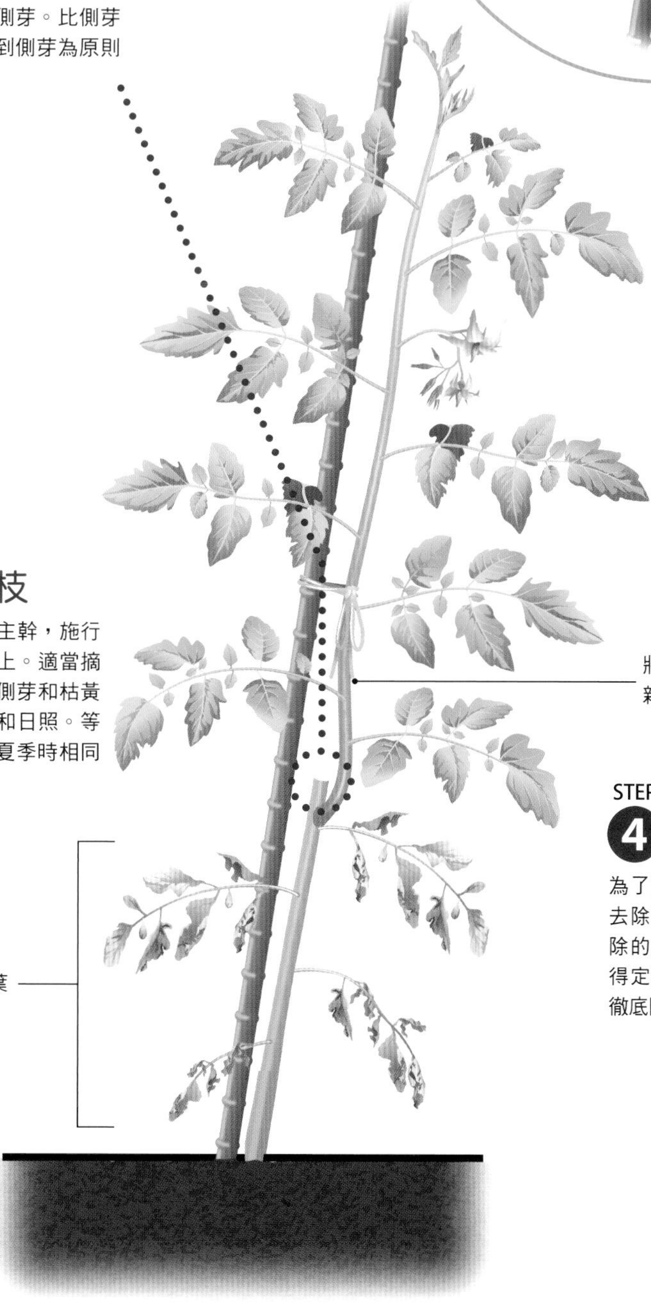

番茄

STEP
6 再次施行單主幹整枝

將保留的側枝做為新的主幹，施行單主幹整枝誘引到支柱上。適當摘除由新的主幹長出來的側芽和枯黃下葉，維持良好的通風和日照。等秋季收穫期到來後，跟夏季時相同進行採收。

將生長勢較好的側芽，培育成新的主幹

STEP
4 調整土壤環境

為了避免土溫過高，在高溫期需去除地膜。可視情況用稻草或割除的雜草敷蓋植株根部。另外還得定期追肥確保肥料不間斷，並徹底防治病蟲害發生。

摘除枯黃的下葉

連續摘芯整枝法

有這些好處！

→與單主幹整枝法相比，植株的枝幹長度更長，可增加果實數量

→側芽整枝成左右彎曲狀，可抑制植株高度，管理更為輕鬆

→施以捻枝使養份集中於果實，使果實更為甘甜

這是讓各側枝連續生長的栽培法，能夠增加單一植株的收穫量。支柱使用方式也很簡單。

當主幹長出兩個果房後摘芯，挑一根側芽放任其成長。當這根側芽也長出兩個果房後同樣摘芯，再挑一根側芽放任其成長。依此方式連續操作。適合大果、中果番茄種植，由於葉片和著果數量都比一般方法多，所需肥料也得相對增加2～3成。施肥時不能增加單次施肥量，需從縮短追肥間隔來著手。

栽培資訊

畦面（單行種植）
畦寬：90 cm　株距：70 cm
所需資材
支柱（長約 210 cm，垂直插在植株旁）
地膜、誘引繩
＊需相對拉大畦寬和株距。當植株寬度增加後，可斜插支柱補足強度

STEP 1 主幹摘芯，放任第二果房下方的側芽生長

當第二果房著果後，留下由它往上數的兩片葉子，再將主幹摘芯。保留第二果房正下方的側芽，其餘的側芽請全數摘除。當生長勢旺盛時，第一果房下方的側芽有可能垂到地面導致果實受損，因此只需保留第二果房正下方的側芽並放任其成長，培養該枝條。

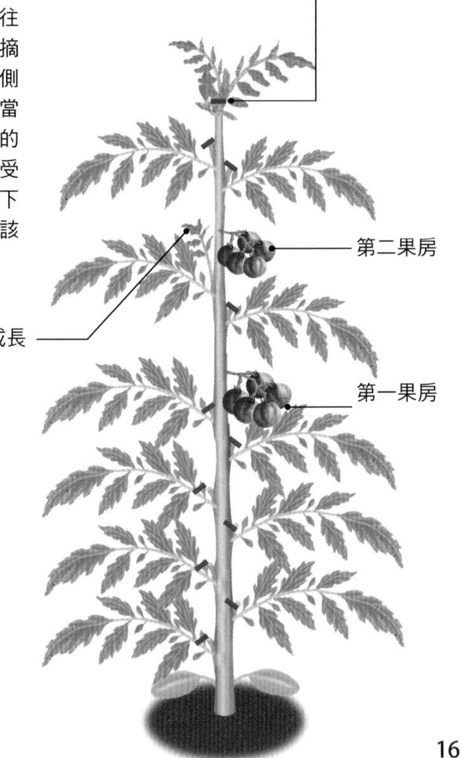

STEP 2 將枝條摘芯，培養第一花房正下方的側芽

當 STEP ①中的側芽長成枝條，它的第二果房也著果後，對它進行與 STEP ①的主幹相同操作，留下由它往上數的兩片葉子，再對該枝條摘芯。保留第一果房正下方的側芽，其餘全數摘除。將第一果房下方容易彎曲，且可用來固定在支柱上的枝條部位用手指輕壓，在不折斷枝條的前提下將其彎曲（捻枝），並固定在支柱上。

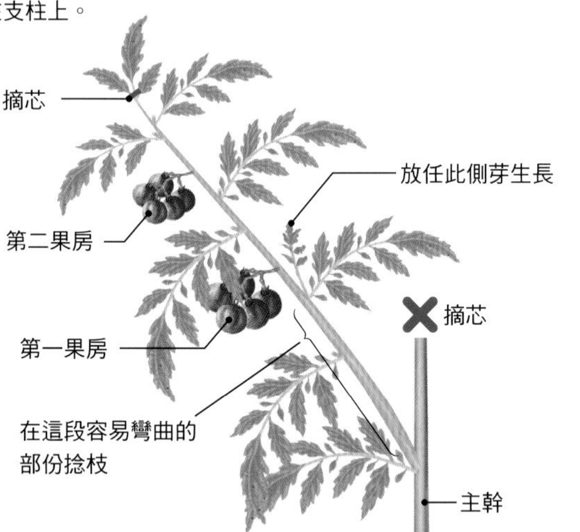

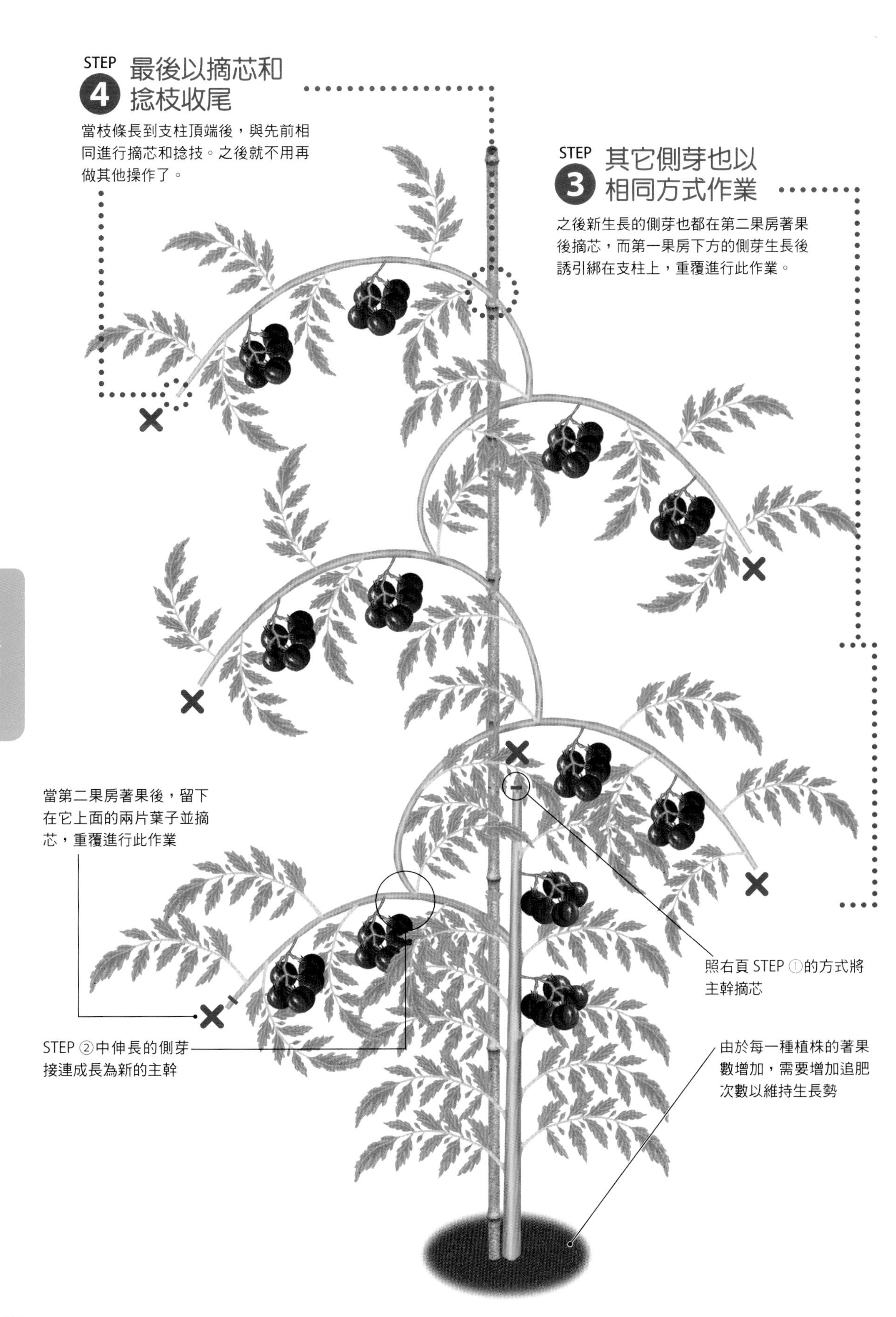
STEP 4 最後以摘芯和捻枝收尾
當枝條長到支柱頂端後，與先前相同進行摘芯和捻技。之後就不用再做其他操作了。
STEP 3 其它側芽也以相同方式作業
之後新生長的側芽也都在第二果房著果後摘芯，而第一果房下方的側芽生長後誘引綁在支柱上，重覆進行此作業。
當第二果房著果後，留下在它上面的兩片葉子並摘芯，重覆進行此作業
照右頁 STEP ①的方式將主幹摘芯
STEP ②中伸長的側芽接連成長為新的主幹
由於每一種植株的著果數增加，需要增加追肥次數以維持生長勢

番茄

密技4 整枝出主幹和側枝並種植於搬運箱中

有這些好處！

→搬運箱裡的土壤不會與舊的土壤混合，可避免連作障礙
→搬運箱有良好的通氣性，可迴避番茄最害怕的高溫潮濕環境
→整枝後拉出雙枝條，可倍增收穫量
→不需挖出深入地底的根部，日後清理非常輕鬆

此法是利用內壁呈網狀的搬運箱，減輕勞力的創意栽培法。

適合種植小果和中果番茄，整枝出主幹和生長勢較好的側枝。先在田裡挖出深約10 cm的凹洞，再將搬運箱整個埋進去。與平常地植相同，幾乎不需要澆水。如果有屋簷遮蔽，可順便進行遮雨栽培。

此外由於運用網狀搬運箱種植之故，通氣性和排水性都很不錯，可迴避番茄最害怕的高溫潮濕環境。是一種融合了箱式栽培和地植兩者優點的整枝方式。

栽培資訊

箱植
36.5×52.0× 高度約 30.5 cm的搬運箱，每箱可種一棵

所需資材
支柱（長約 210 cm）
採收用搬運箱、蔬菜專用培養土、誘引繩

STEP 1 將土裝入搬運箱

將蔬菜專用培養土裝入採收用搬運箱（底部和側面有網狀空格）至 8 分滿，在定植果苗前先擺個兩週左右。雖然於定植時土量會自然減少，但不需另行補充。

STEP 2 將 1/3 搬運箱埋入土中，並定植幼苗

在要放置搬運箱的地點先挖出略大於搬運箱底，深約 10 cm的坑洞並夯實底部，將 1/3 搬運箱埋入土中。再將幼苗定植在搬運箱中間，在旁邊插上臨時支柱並加以誘引。

STEP 3 整枝出主幹及側枝共兩根枝條

保留第一果房下方生長勢較好的一根側芽，整枝出主幹及側枝共兩條枝條。摘除其餘側芽。

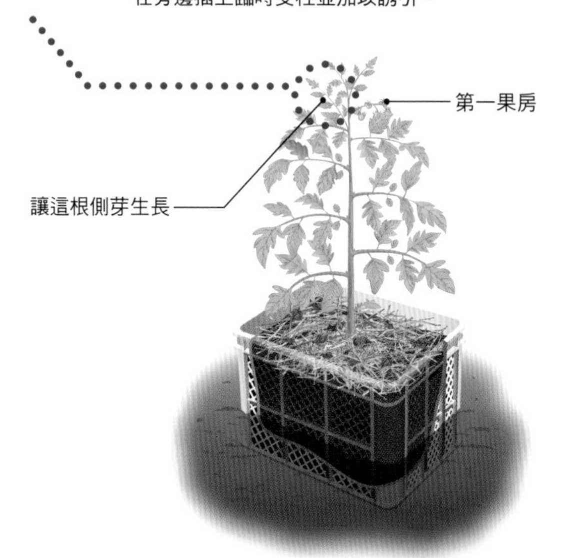

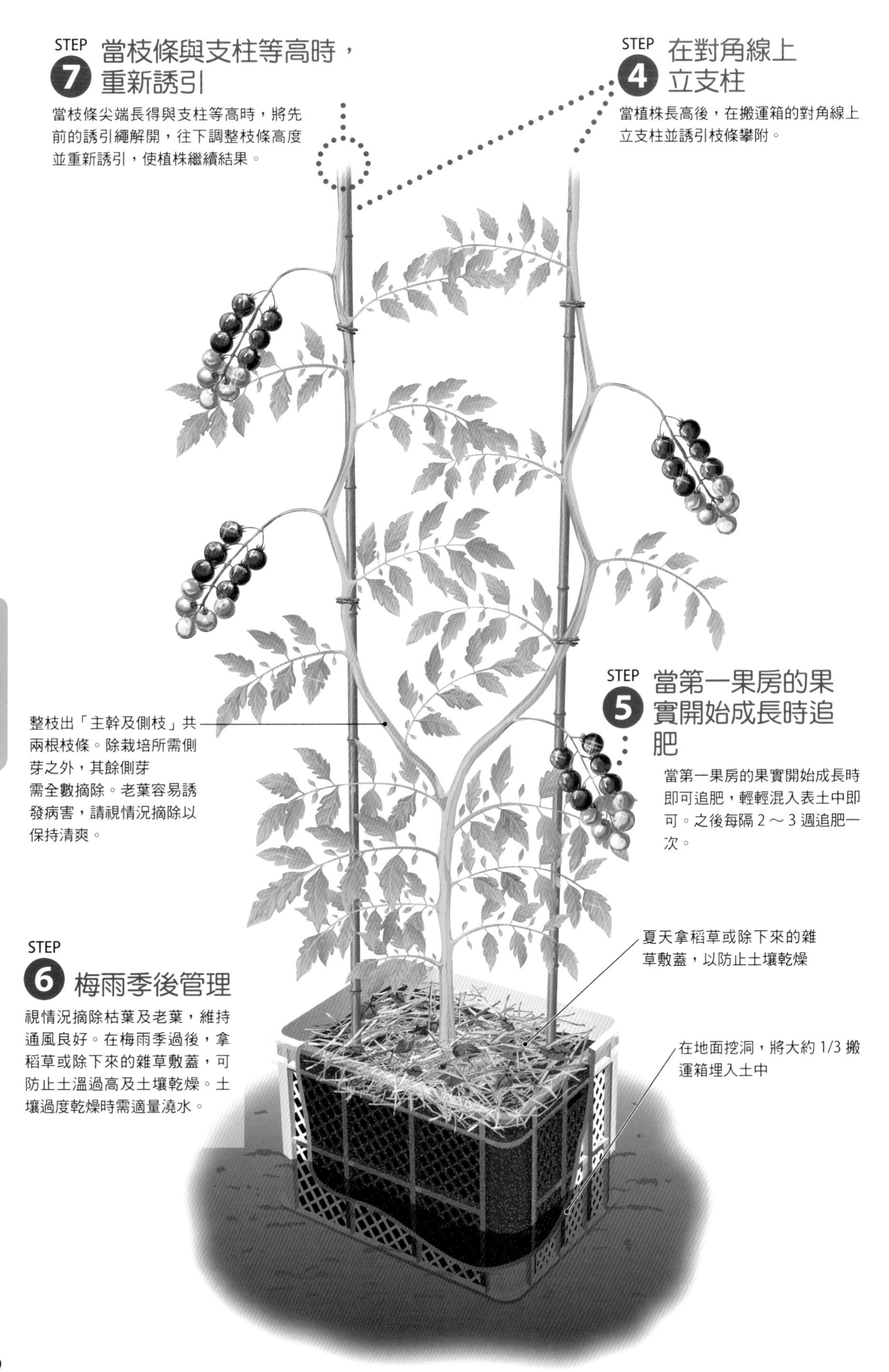
STEP 7 當枝條與支柱等高時，重新誘引
當枝條尖端長得與支柱等高時，將先前的誘引繩解開，往下調整枝條高度並重新誘引，使植株繼續結果。
STEP 4 在對角線上立支柱
當植株長高後，在搬運箱的對角線上立支柱並誘引枝條攀附。
整枝出「主幹及側枝」共兩根枝條。除栽培所需側芽之外，其餘側芽需全數摘除。老葉容易誘發病害，請視情況摘除以保持清爽。
STEP 5 當第一果房的果實開始成長時追肥
當第一果房的果實開始成長時即可追肥，輕輕混入表土中即可。之後每隔 2 ～ 3 週追肥一次。
STEP 6 梅雨季後管理
視情況摘除枯葉及老葉，維持通風良好。在梅雨季過後，拿稻草或除下來的雜草敷蓋，可防止土溫過高及土壤乾燥。土壤過度乾燥時需適量澆水。
夏天拿稻草或除下來的雜草敷蓋，以防止土壤乾燥
在地面挖洞，將大約 1/3 搬運箱埋入土中

懸掛式誘引整枝法

有這些好處！

→不受支柱長度限制，能夠更加延伸主幹長度
→花房段數增加，增加收穫量
→遮雨栽培使植株健全成長，
能結出漂亮的果實且不會裂果

栽培資訊

畦面（雙行種植）
畦寬：100 cm　株距：45～50 cm
兩行間距：60 cm
所需資材
溫室管材（或遮雨支柱）、農膜、固定夾、地膜、誘引繩、設置於溫室內部的鋼索（於斜向誘引時使用）

這是不使用支柱，利用溫室屋頂垂下來的繩索懸掛植株的創意整枝法。

因為不需摘芯，可結出15段以上的果房，收穫量倍增。在溫室屋頂架設農膜遮雨，可防止裂果並結出漂亮的果實。適合在生長勢較好的中果及小番茄上使用。

此外，若在棚架頂端綁上鋼索，讓固定主幹用的繩結在上頭自由滑動，可進行斜向誘引，延伸主幹長度。

STEP 1 將屋頂垂下來的繩索綁在主幹上

按照基本操作，先整枝出一條除去側芽的主幹。另取一條夠長的誘引繩，一端牢靠固定在屋頂的管子（鋼索）上，另一端垂掛於半空中。從主幹尖端20～30 cm處開始將繩索纏繞在主幹上，往植株根部方向重複數次此步驟。

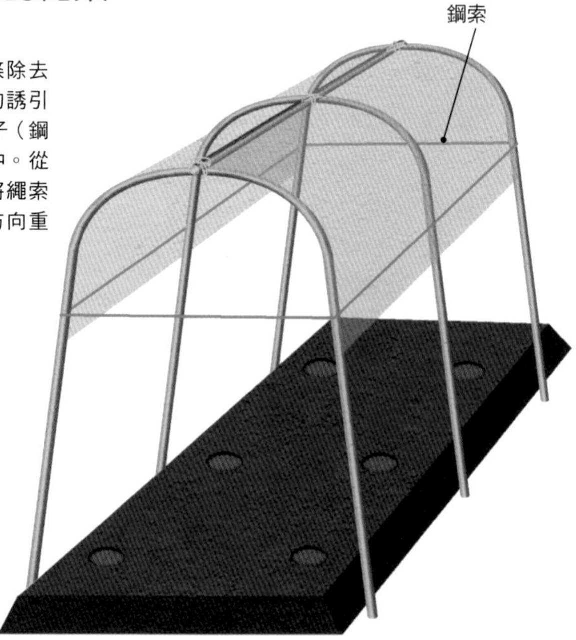

若難以進行溫室栽培，可改為架設遮雨支柱。若想綁鋼索設置成可動式，在雙行種植時請配合間距事先拉好兩條鋼索。

STEP 2 將繩索下端綁在主幹上

避開花房週遭段落，將纏繞在主幹上的繩索綁在途中的枝條上。為了方便解開，打個單蝴蝶結就可以了。

易於解開的繩結方式

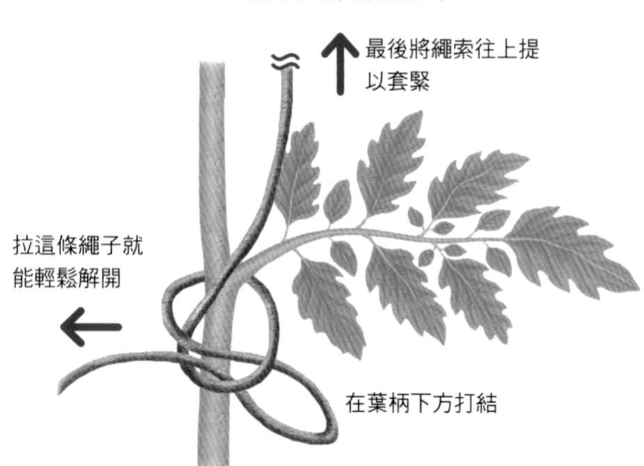

STEP 5 配合生長高度 移動繩索位置

若有設置鋼索，可配合生長高度橫向滑動綁在鋼索上的繩結位置，斜向誘引枝條。所有植株都往相同方向傾斜時，莖葉是不會互相干擾的。當繩結位置拉到該行底部時，把繩結改綁到隔壁行去。植株會因為自身重量而下垂，可在主幹上多繞幾圈繩索固定以防止莖葉接觸到地面。

重點

重新懸吊作業會對植株產生負擔，次數請維持最小限度

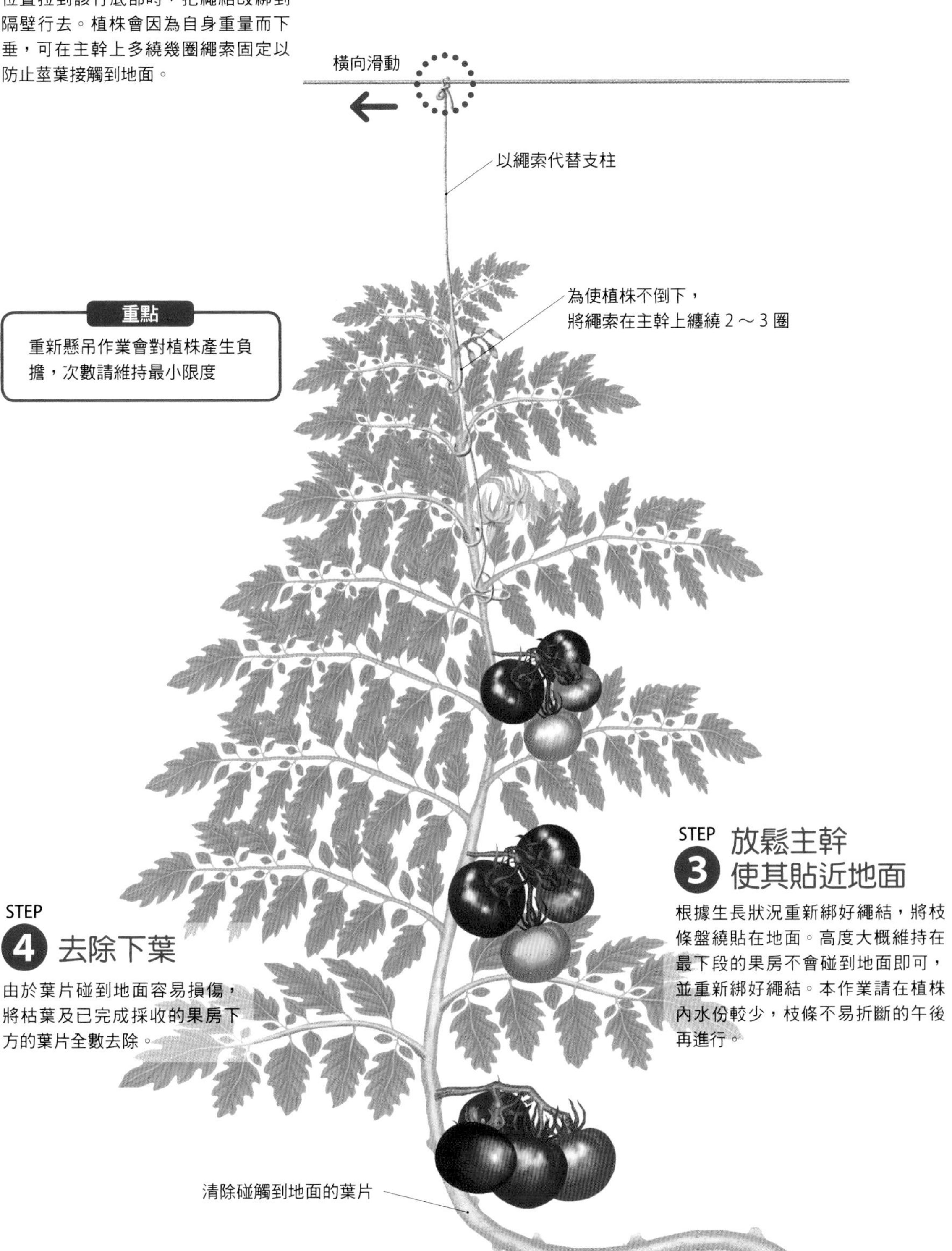

STEP 4 去除下葉

由於葉片碰到地面容易損傷，將枯葉及已完成採收的果房下方的葉片全數去除。

STEP 3 放鬆主幹 使其貼近地面

根據生長狀況重新綁好繩結，將枝條盤繞貼在地面。高度大概維持在最下段的果房不會碰到地面即可，並重新綁好繩結。本作業請在植株內水份較少，枝條不易折斷的午後再進行。

大果嫁接整枝法

有這些好處！

→由大果和小番茄兩棵植株份量的根系提供養份培育大果番茄，植株不僅強壯且成長速度快。採收量也會相對提高

→就算嫁接失敗，仍可正常培育留存的大果番茄植株

→採用適於定植的市售幼苗進行嫁接，不需繁瑣的準備工作。就算株數不多也容易處理

挑選強健抗病，到秋天能持續採收的小番茄為砧木把大果番茄做為接穗嫁接上去，運用兩棵植株份量的根系培育大果番茄，是一種難度較高的栽培法。

可收穫期間和採收量都比一般栽培提高不少。由於採用市售幼苗進行嫁接，就算一般家庭也能簡單操作。

嫁接作業最好在吹微風的陰天進行。為降低細菌感染風險，使用乾淨的美工刀，小心謹慎進行作業。

栽培資訊

畦面（單行種植）

畦寬：60～70 cm　株距：50 cm

所需資材

支柱（長約210～240cm，插在植株旁邊做為補強。如果想要牢固點就將支柱交叉架設）地膜、誘引繩、美工刀、嫁接帶、農膜

＊由於植株頗有寬度，需相對拉大畦寬和株距。雙行種植在作業上有困難，單行種植較為理想

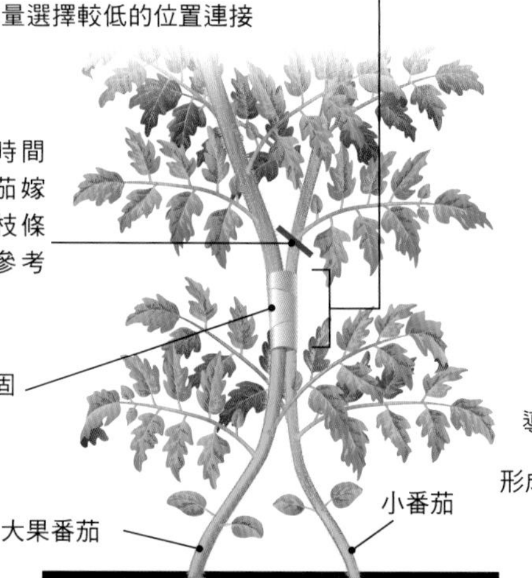

STEP 1 將大果和小番茄的幼苗相連

為了方便連接，請盡可能將大果和小番茄幼苗定植在一起。定植 7～10 天後，盡量拉近兩根幼莖，以不弄斷它們為前提確認要連接的位置。將要連接的位置表皮處分別削下長 3～5 cm，寬 1 cm，深 3 毫米的切口。結合兩個切面，用嫁接帶纏繞固定好。若嫁接完成後碰到連日陰雨，切口有可能不易癒合，拿農膜繞成管狀，多纏幾圈讓它們能夠慢慢恢復。

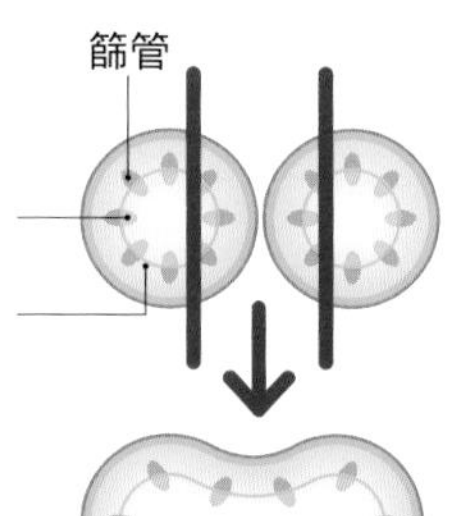

切口需要切到表皮下方的形成層（位於負責從根部運送水份及養份的導管，與運輸葉片等部位製造出來的糖份的篩管中間）

連接切口以使讓兩根莖條的維管束能相互連接

當連接了表皮底下的維管束，組織完成癒合後，養份及水份就能往接穗運輸了

STEP
2 切除小番茄的莖

嫁接完成1段時間後，把小番茄嫁接位置以上的枝條全數切除。注意不要弄錯要切除的莖條和下刀位置。

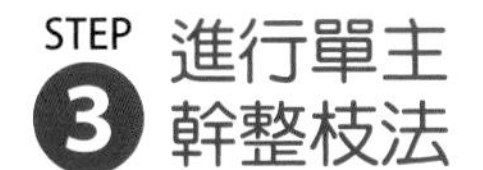

STEP
3 進行單主幹整枝法

在植株旁邊插支柱。進行單主幹整枝，與支柱等高時摘芯。

STEP
4 每2～3週追肥

當第一果房長到乒乓球大小時開始追肥，往後每隔2～3週追肥。

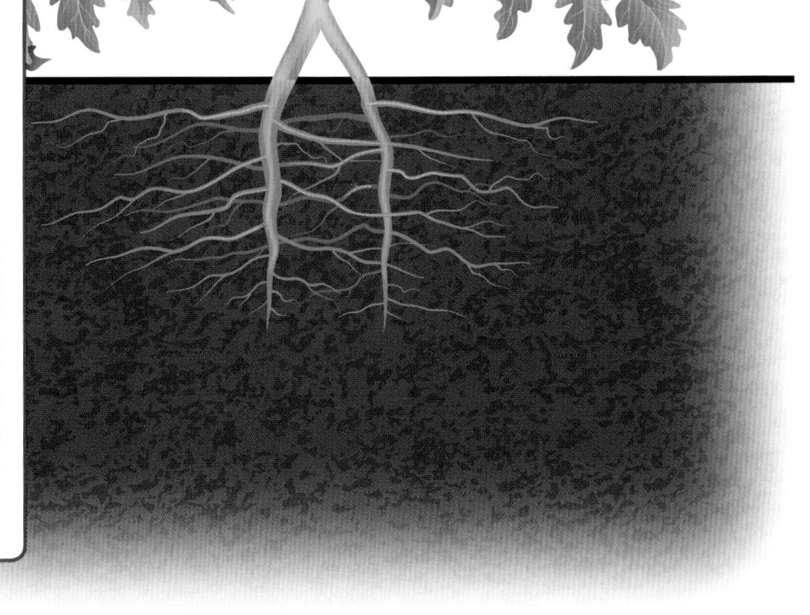

專欄 小番茄的根系很厲害！

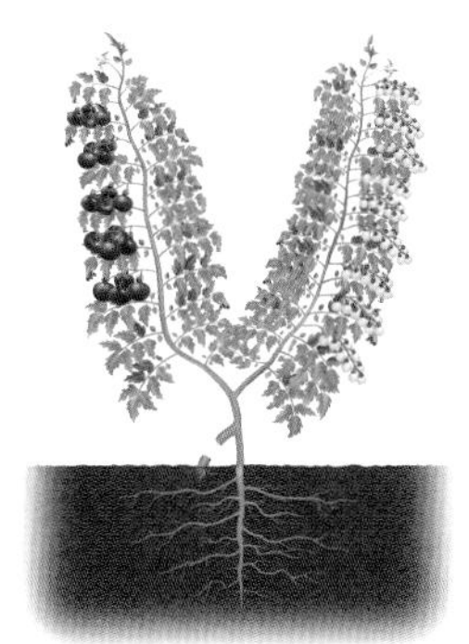

「大果嫁接整枝法」，是利用生長勢很強的小番茄根系，促進植株發育的栽培方式。如果想對富含精力且抗病力強的小番茄根系有更進一步的實際體驗，您也可以在嫁接完成後保留大果及小番茄的主幹，並把大果番茄的根系切除。光靠小番茄的根系就足以維持大果及小番茄兩種果實發育，且成長速度和一般栽培時相同。

茄子

茄子非常適應日本高溫潮濕的天氣，能夠不斷結果。但若是種植後就放任不管，它的莖葉容易亂長，會互相干擾導致通風及日照不良，因而長不出好的果實。因此整枝是不可或缺的。

茄子基本的整枝法是三幹整枝法。留取主幹，使第一朵花下方的兩根側芽生長，並誘引至支柱上。一般來說會留存由第一朵花下方的葉腋所長出，生長勢較好的側芽，並趁早摘除其餘側芽。植株未完全成長時很容易找出側芽，對初學者來說並不困難。整枝成三幹後就能放任生長了。

茄子喜歡重肥和充足的水份，要是供給不足會使開花和果實發育變差。勤勞追肥澆水以保持生長勢，只要維持健全發育，就能夠長期享受採收樂趣直到秋天為止。

基本栽培技巧

- 留存從第一朵花下方的葉腋所長出，生長勢較好的側芽，並摘除其餘側芽，整枝成主幹和兩根側芽共三根枝條
- 生長初期結出的1～2號果實趁早採收，把養份用在植株發育上
- 開始採收後需要定期追肥
- 乾燥期需要充分澆水

追肥時機

第一次

定植 2 週後

茄子跟番茄不同，不需擔心過度茂盛，定植兩週後就能進行初次追肥。在植株根部施肥就可以了。

第二次後

每隔 2 ～ 3 週一次

由於植株會利用根部末端吸收肥料，可掀開地膜，在畦面兩邊施肥後再培土。或是直接在地膜上挖洞施肥。

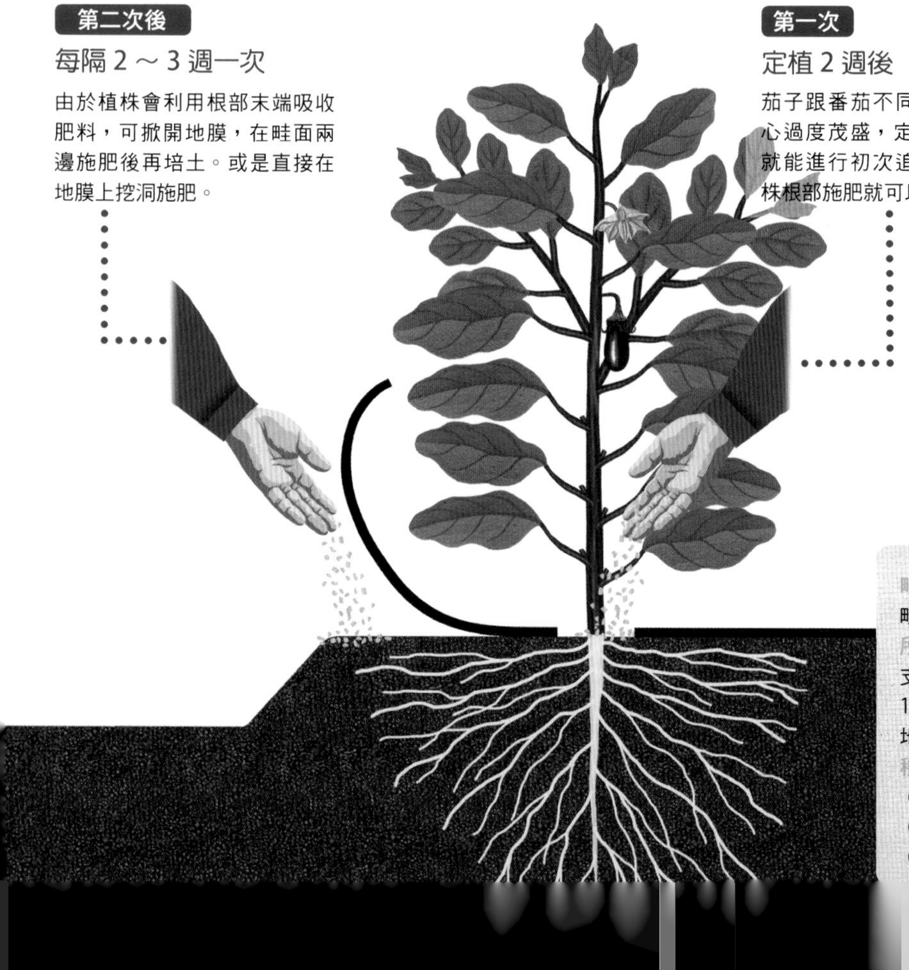

栽培資訊

畦面（單行種植）

畦寬：60 ㎝　株距：60 ㎝

所需資材

支柱（交叉設置三根長 120 ～ 150 ㎝的支柱）

地膜、誘引繩

種植時期

（平地）4 月下旬～ 5 月下旬

（高冷地）5 月中旬～ 6 月中旬

（溫暖地）4 月中旬～ 5 月中旬

基本整枝方式

三幹整枝法

STEP 1 保留第一朵花下方的兩根側芽

留存從第一朵花下方的葉腋所長出，生長勢較好的側芽，並趁早摘除其餘側芽。在完成主幹及兩條側枝共三條枝條後，在第一朵花下方交叉立起三根支柱，分別誘引一條枝條。當第一朵花開花時，將長了花朵的枝條（主幹）纏繞膠帶做記號，能比較容易找出側枝。在另外兩條側枝上也做記號會更方便。

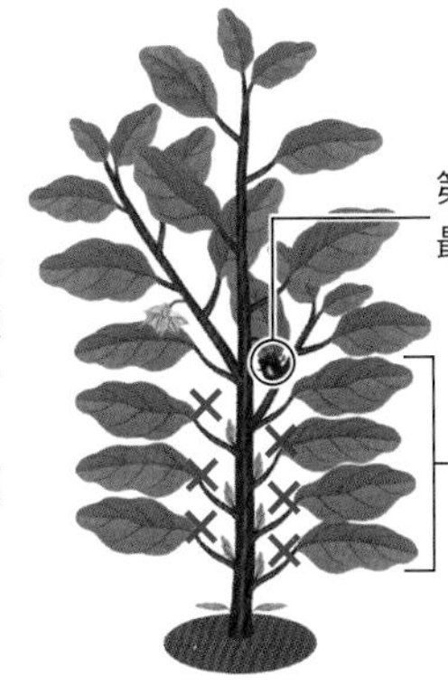

STEP 4 將枝條誘引到支柱上

由於茄子果皮柔軟，容易因為碰觸到葉子或枝條而受損，需要小心將枝條誘引到支柱上。特別是白茄子和綠茄子，以維持它們不受損為前提，需要將果實附近的枝條仔細地誘引到支柱上。

STEP 5 採收表皮有光澤的果實

結出 3 號果實之後，可依照各品種果實成熟時的不同大小分別採收。以中長度品種為例，從開花算起 20 ～ 25 天後，採收長度 12 cm左右，表皮有光澤的果實。過晚採收會導致果皮變硬，口感和味道也會變差。

STEP 2 趁早摘除 1 ～ 2 號果實

由於 1 ～ 2 號果實結果時，植株仍未充足發育，為了將養份用在植株發育上，在果長 10 cm以下時盡早摘除。

STEP 6 在完成整枝後，可放任三根枝條自由發育

完成三幹整枝後，就能放任栽培了。為了讓果實能充足接受陽光照射，適當修剪互相干擾及未長花苞的虛弱枝條，並摘除枯萎的下葉。確認先前做的記號，以避免傷到位於中間的三根主要枝條。

倘若定植的是嫁接苗，有可能會從砧木上冒出新芽。從砧木長出的芽與茄子的葉形不同，仔細觀察就能分辨出來。新芽的成長速度很快，一看到就得從基部清除掉。

STEP 3 肥料水份不可中斷

開始採收後，每隔 2 ～ 3 週追肥一次。由於到秋天為止都能持續收成，需要定期追肥確保肥料不中斷。高溫或水份不足會影響果實成長不順，造成果皮過厚，光澤不足。在沒下雨時請充足澆水，也可在植株根部敷蓋稻草。

簡易Y字整枝法

有這些好處！

→枝條不會交疊，通風良好且易於管理
→與三幹整枝法相比，可以縮短株距
→就算不進行更新修剪，
於秋天前仍能維持一定的生長勢

栽培資訊

畦面（單行種植）
畦寬：60 cm
株距：30 cm
所需資材
支柱（將兩根長約180～210 cm的支柱以X字形交叉架設。為了補強結構，可以在植株上部及兩側另外插支柱）
地膜、誘引繩

這是由三幹整枝此一基本方式，再減少一根側枝的簡易整枝方法。整枝出主幹和第一朵花正下方的一根側枝，將它們誘引到長支柱上。雖然與三幹整枝相比，使用此法的植株會長得比較高，但在將植株中心的兩條枝條往左右分開誘引後莖葉不會重疊，株距能縮得比一般方式更短。

雖然枝條數量較少會使結實數量隨之減少，但相對的降低了植株的負擔，不需要進行更新修剪（參考第30頁）也能保證到秋天為止都能夠持續收成。

此外由於株距較小，故不影響單位面積收穫量。

STEP 1 保留第一朵花下方的一根側芽

留存從第一朵花下方的葉腋所長出，生長勢較好的側芽，並趁早摘除其餘側芽。將做為栽培重心的兩條枝條用膠帶或繩索做記號會比較方便。

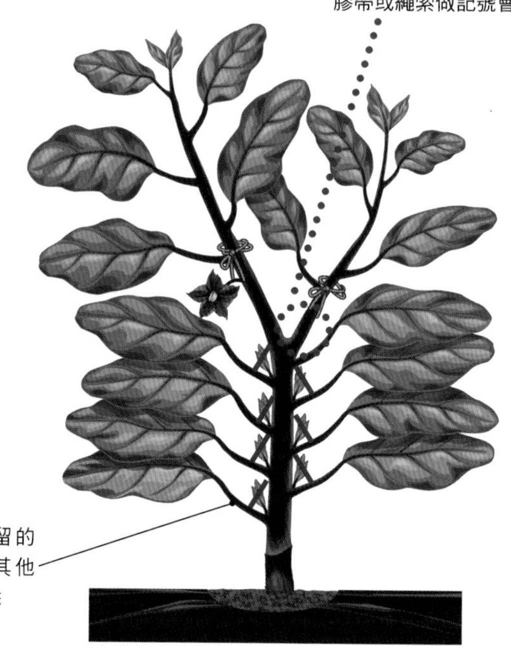

除要保留的側芽外其他全部摘除

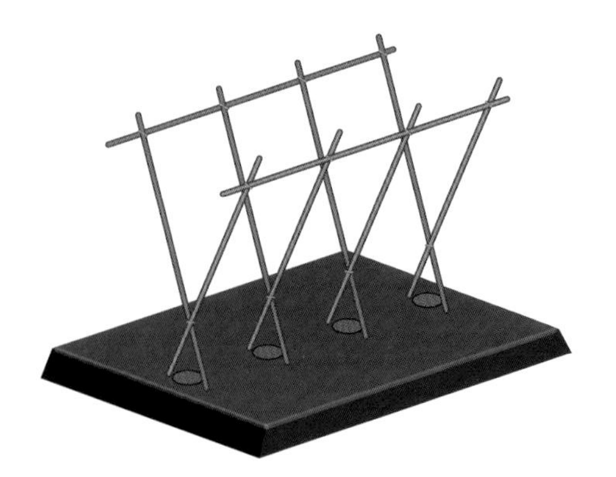

STEP 2 以X字形架好支柱並誘引

完成兩根枝條整枝後，在較低位置交叉架設支柱。由於株高比三幹整枝法要來得更高，因此需使用180～210 cm長的支柱。當枝條生長後，在支柱上方橫向架設支柱，並在植株兩側垂直插支柱，用繩子將各支柱連接處綁緊以補強結構。

STEP 3 在採收同時剪下側枝

從中央枝條長出來的側枝結出果實後，在採收時只需留下一片葉子，將果實跟其餘側枝一同剪下。剩餘的葉腋處會長出新的側芽，將再從那裡結出新的果實。

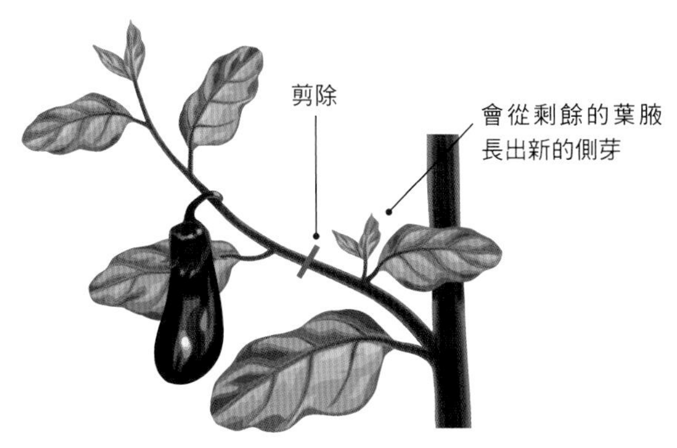

STEP 4 枝條長到支柱頂端時摘芯

當中心枝條長到支柱頂端時，將其摘芯以阻止枝條繼續延伸。

STEP 5 清除互相交疊的枝條

當莖葉互相交疊時，請適當修剪以使植株內部能照得到太陽。從正上方觀察植株，如果無法從莖葉縫隙間看到地面，就表示莖葉交疊太嚴重了，需一口氣把細枝及老葉、枯葉全數清除。

四角展開整枝法

有這些好處！

→由於枝條數量較多，可增加每一植株的收穫量
→日照及通風良好，不易遭到病蟲害侵擾
→植株高度增加，容易採收

栽培資訊

畦面（單行種植）
畦寬：60 cm
株距：60 cm
所需資材
支柱（於長度 60 cm 的正方形四個角落，分別插上長 150 cm左右的支柱）
地膜、誘引用塑膠繩

此法是在茄子的基本整枝法基礎上再多增加一條側枝，為主幹加上三條側枝，一共四根枝條的整枝方法。它的特色是枝條不直接誘引到支柱上，而是利用支柱上垂掛下來的塑膠繩懸吊枝條。

茄子果實如果磨擦到支柱會傷害果皮，使受損部位變硬。若是利用此一方式進行誘引展開莖葉，就能夠減少此種不安了。

一般來說，增加枝條後雖然可以增加收穫量，但莖葉也容易重疊而增加罹患病蟲害的風險，但使用將枝條往四角展開的此種整枝法時，可以不用擔心這件事。

從正上方觀察的枝條方向

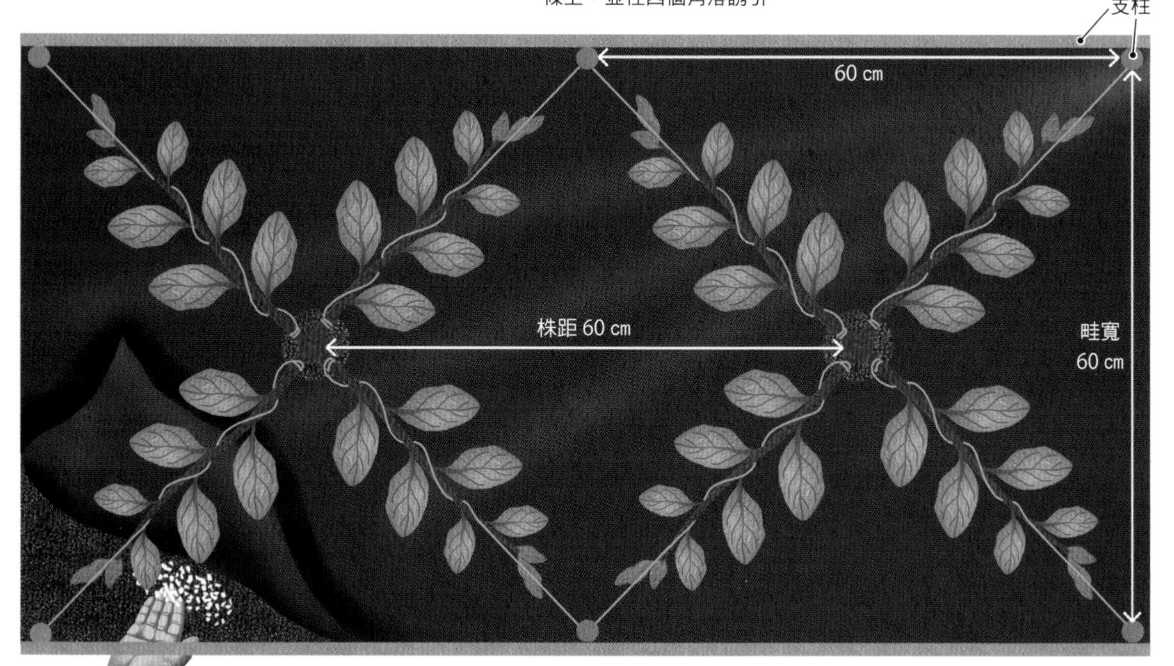

由於每一植株的著果量增加，故需增加追肥量。初次追肥需在定植 2～3 週後於植株根部進行。之後每隔 2～3 週一次，掀開地膜在畦面外圍灑佈。

STEP 4 當枝條頂到橫向支柱時摘芯

無論是主幹或側枝，當枝條高度頂到綁了塑膠繩的橫向支柱時，將其摘芯。

為了使支柱在栽培過程中不致倒塌，可斜插一根支柱綁緊補強結構

STEP 3 不需理會分叉處上方的側芽

不需理會從整枝成四根的枝條上長出的側芽，讓它們自由生長。當莖葉互相重疊後再適當修剪以保持通風和日照良好即可。

A

C

D

B

STEP 2 以塑膠繩誘引

在橫向支柱上各綁兩條塑膠繩，合計垂掛四條。將垂下來的繩索纏繞在各枝條上，將繩索另一端固定在枝條分岔部做為誘引。由於枝條生長後會拉扯繩索，所以一開始可以綁的鬆一點。

茄子

B 枝條第一朵花正下方的側芽（D）

第二朵花（果實）正下方的側芽（C）

第一朵花（果實）正下方的側芽（B）

主幹（A）

STEP 1 摘除多餘的側芽整枝成四根枝條

需要的芽有主幹（A）、第一顆果實正下方的側芽（B）、第二顆果實正下方的側芽（C）、以及 B 枝條第一朵花正下方的側芽（D）共四根。分岔部下方的側芽需全數摘除。

第二朵花（果實）

第一朵花（果實）

B 枝條的第一朵花（果實）

更新修剪兩期採收整枝法

有這些好處！

→可在果況不佳的 7 ～ 8 月讓植株休養生息
→於降霜前均可收穫高品質的秋季茄子
→剪除過長的莖葉，可精簡植株外觀

將採用一般方式栽培的茄子枝條，在夏季時全部剪短，並等待植株重新長出枝條，即是所謂的「更新修剪」。

當受到蚜蟲或葉蟎等害蟲侵擾，或是施肥管理不良，導致梅雨季後生長狀況不佳時，可進行更新修剪以重新恢復植株的活力。

修剪時機大約在7月下旬～8月上旬左右。切除部份根系和枝條，再重新施肥。植株會長出新的根系和枝條，如此一來等9月後就能採收到飽滿圓潤的秋季茄子了。

栽培資訊

畦面（單行種植）
畦寬：60 cm　株距：60 cm
所需資材
支柱（交叉設置三根長約 120 ～ 150 cm的支架）
地膜、乾稻草、誘引繩等

STEP 1 切除部份根系和枝條並追肥

切除總長度約 1/2 ～ 1/3 左右的主幹及側枝。為了維持光合作用進行，殘留枝條上需留下一片以上的葉片。保留主幹下方重新長出的側芽。同時在離植株根部30 cm左右的地方用圓鍬垂直插入地面切斷根系。切斷舊根後，才能誘使新的根系發育。

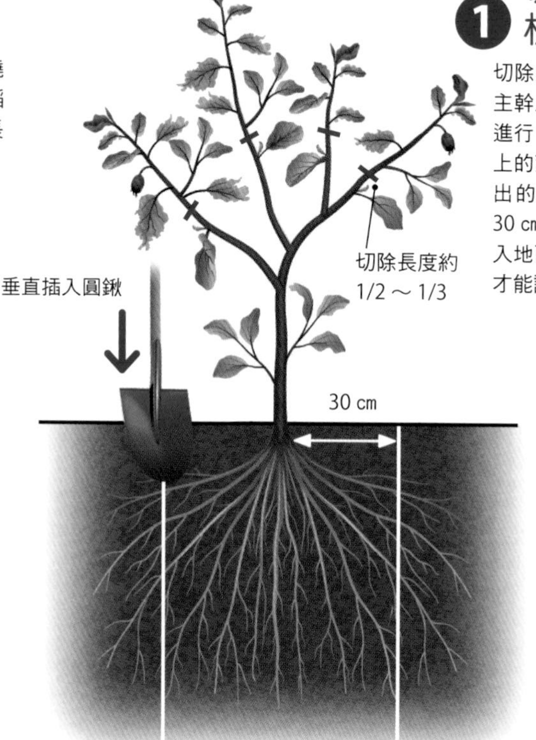

作業前先剝除地膜，並拔除支柱

STEP 2 追肥、澆水，在根部敷蓋稻草

往圓鍬留下的空隙施肥，之後充足澆水。為抑制土溫上升，在根部敷蓋稻草。之後需要定期追肥，維持植株生長勢。

短枝修剪長期收穫整枝法

有這些好處！

→莖葉不會交疊，可確保通風及日照良好
→由於是在新的側枝上結果，
　可採收到生長飽滿的果實
→可精簡植株外觀
→就算不進行更新修剪，
　至秋天為止仍能保持一定的收穫量

栽培資訊

畦面（單行種植）
畦寬：60 cm　株距：60 cm
所需資材
支柱：長約 120 ～ 150 cm
地膜、誘引繩

與前一頁所介紹，於特定時期一口氣進行枝條更新的整枝方式不同，這頁所介紹的是每採收一次才隨之進行更新的整枝方法。可從不斷長出的側枝上頭結出果實。

從整枝成2～3條的枝幹附近長出來的果實成長速度較快，可採收到柔軟又飽滿的茄子。將結果枝和重疊的雜枝全數剪下，以維持通風及日照良好。在整枝成三幹或雙幹的植株上運用，可確保長期維持一定的採收。

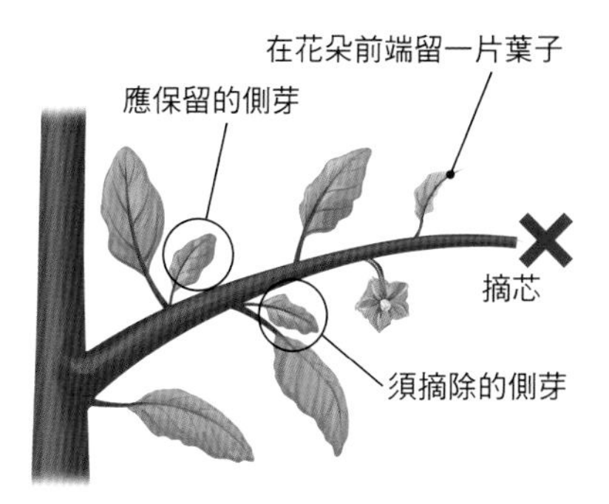

STEP ① 將開在側枝上開有花朵的枝條尖端摘芯

當整枝成 2 ～ 3 條的枝幹長出側枝且開花後，保留該枝條花朵前端的一片葉子，其餘部分摘芯處理。同時保留該側枝上離主幹最近的側芽，並摘除其餘側芽。

STEP ② 採收後修剪枝條

每次採收果實後，保留在 STEP ①裡保留的側芽，並修剪掉其他枝條。刻意留下的側芽會再次生長。

伸長了的側芽
摘芯
須摘除的側芽

STEP ③ 重複進行採收和修剪

於 STEP ②保留的側芽會再次開花，之後重複進行 STEP ①跟 STEP ②即可。

小黃瓜

小黃瓜的整枝方式，基本上是於母蔓生長之際，將兩節以上的子蔓摘芯。架設支柱立體誘引藤蔓，不僅可以保持通風良好並確保充足日照，植株維持一定的間隔也能防止植株生長互相重疊。雖然單純架設支柱時需要進行誘引，但只要在支柱上架設爬藤網，就算不誘引藤蔓，它們也會自動攀附上去。

在各種果菜之中，小黃瓜算是成長速度較快的種類，種植後大約一個月就能進行初次採收。而其果實的生長速度也很快，從開花到長到可採收的大小，僅需要一週左右的時間。過晚採收不僅降低品質，還會消耗植株養份導致生長勢變差。由於小黃瓜不耐乾燥，在土乾時請給予充足水份。

基本
栽培技巧

- 下方5～6節的側芽及雌花需全數摘除
- 子蔓只保留兩節，其餘全部摘芯
- 母蔓長到支柱頂端時亦需摘芯
- 開花一週後，瓜體長到18～20 ㎝左右即可採收

STEP ❶ 摘除下方 5 ～ 6 節的子蔓及雌花

為了充實植株養份及保持通風良好，預防病蟲害發生，需將母蔓底下第 5 ～ 6 節處長出來的子蔓及雌花全部摘除。由於留著也不會長出較好的果實，故也請摘除雌花。

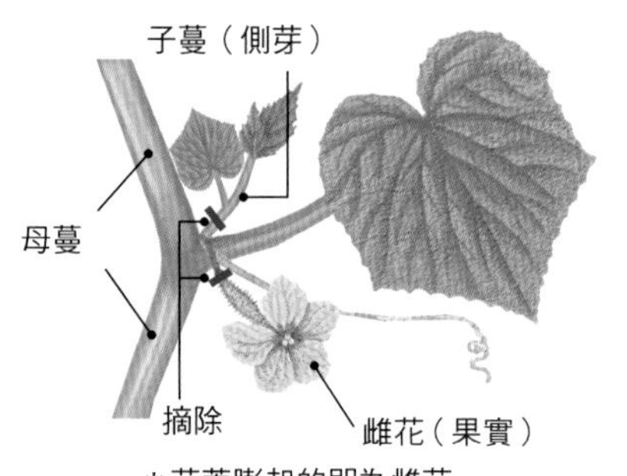

＊花蒂膨起的即為雌花

STEP ❷ 子蔓於第 2 節摘芯

從根部數上來第 7 節開始的子蔓，只需留下兩片葉子其餘全數摘芯。長得太長會讓莖葉交疊，導致通風不良並增加病蟲害的發生機率。養份過度供給子蔓時也會使植株生長勢不佳。

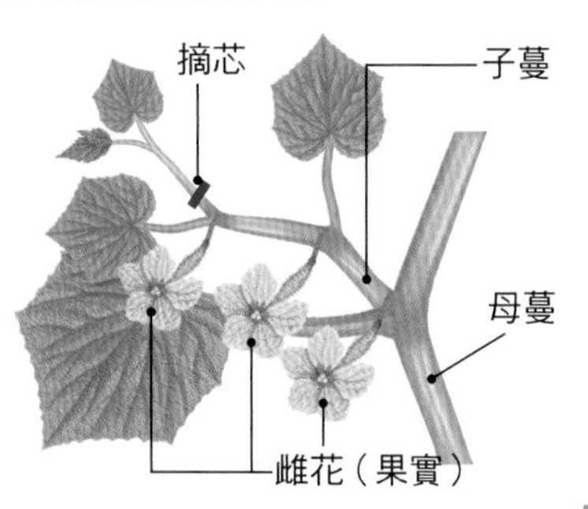

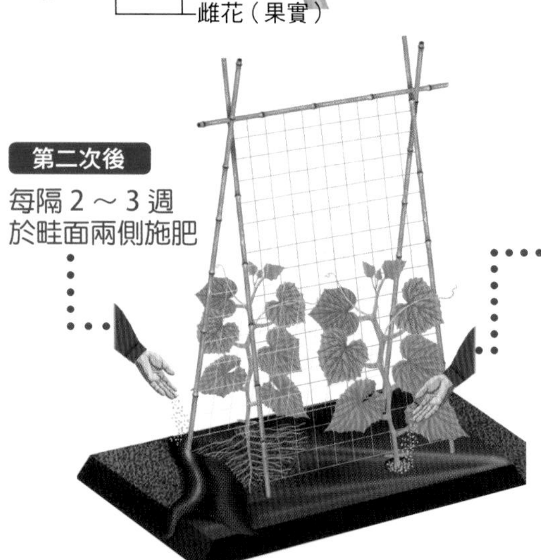

追肥時機

第一次
定植兩週後於根部施肥

第二次後
每隔 2 ～ 3 週於畦面兩側施肥

栽培資訊

畦面（雙行種植）
畦寬：120 ㎝
株距：50 ㎝
兩行間距：70 ～ 80 ㎝

所需資材
支柱（交叉架設，長約 210 ～ 240 ㎝）
地膜、誘引繩

種植時期
（平地）4 月中旬～ 5 月上旬
（高冷地）5 月上旬～ 5 月下旬
（溫暖地）4 月中旬～ 5 月上旬

基本整枝方式

單一母蔓整枝法

STEP 5 母蔓長到 25 ～ 30 節時需摘芯

母蔓長到支柱頂端（25 ～ 30 節左右）時需要摘芯。適當摘除下葉及枯萎的葉片。

STEP 3 將母蔓誘引至支柱上

架好交叉支柱，每隔 3 ～ 4 節誘引母蔓攀附。果實的生長速度很快，從開花到長到可採收的大小，僅需要一週左右的時間。長得太大不僅使瓜皮變硬還會結出種子影響口感，更會消耗植株養份。

專欄 中段子蔓可做為「自由蔓」

還有一種技巧，是當中段（第8～9 節）的子蔓長出第二節時不予摘芯使其自由生長，稱為「自由蔓」，等長到 20 ～ 30 cm長時再將前端藤鬚摘芯。延後摘芯時機可增加根部的水份及養份吸收，促進母蔓成長。

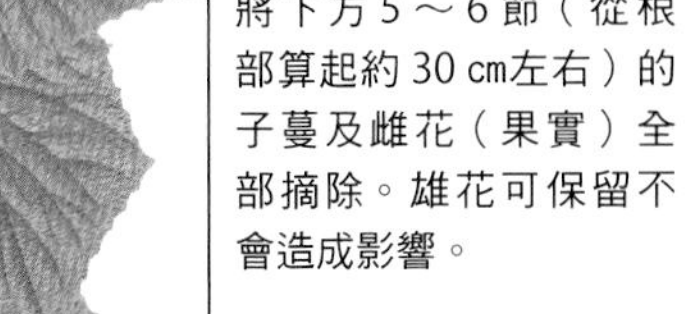

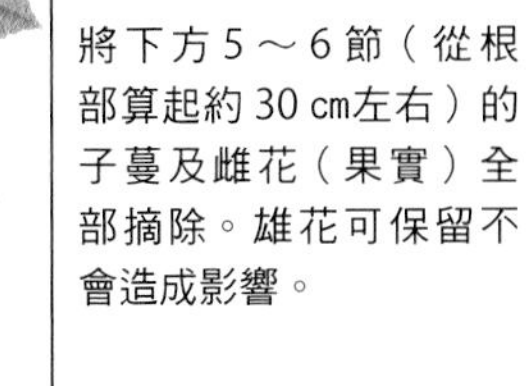

將下方 5 ～ 6 節（從根部算起約 30 cm左右）的子蔓及雌花（果實）全部摘除。雄花可保留不會造成影響。

STEP 4 肥料及水份供給不可中斷

小黃瓜的著果性佳，會接連不斷的長出果實。為使肥料供給不間斷，需每隔 2 ～ 3 週實施追肥。當梅雨季過後，天氣持續乾燥時請充分澆水。由於瓜體 95% 以上均由水份所組成，水份不足會對瓜體肥大造成妨礙。

根部長出的雌花請看到就摘除

山型整枝法

有這些好處！

→可控制支柱交叉高度，較能抵抗強風
→摘芯及採收等作業都能在較低的位置上進行
→由於母蔓長度延伸，可增加收穫量

栽培資訊

畦面（單行種植）
畦寬：100～120 cm　株距：50 cm
所需資材
支柱（交叉架設，長約 150 cm）
爬藤網、地膜、誘引繩

交叉架設較短的支柱，將植株整枝成山型。

整枝步驟及追肥，澆水等養護均與基本方式相同。不同點在於母蔓不需摘芯，放任生長並披掛到支柱另一側即可。由於支柱交叉位置較低，可提升作業性及抗風性。

一般為了增加收穫量，需架設較長的支柱加以誘引，而在使用此方法時雖然支柱高度只有通常方式的一半，母蔓長度也能與基本整枝法相同。

STEP 1 將支柱於較低位置交叉，張掛網子

取兩根 150 cm長的支柱於較低位置交叉，並張掛爬藤網。當藤蔓和葉子茂盛生長後，將它們纏繞到網子上。可另行架設補強用的支柱。

單行種植時，請集中種植在畦面的同一側。
採雙行種植時，只保留生長勢較好的植株即可。

STEP 2 摘除下方 5～6 節的側芽及雌花

與基本整枝方式相同，需將下方 5～6 節的側芽及雌花全部摘除。不僅能使養份用在植株成長，也能使根部附近的通風變好。

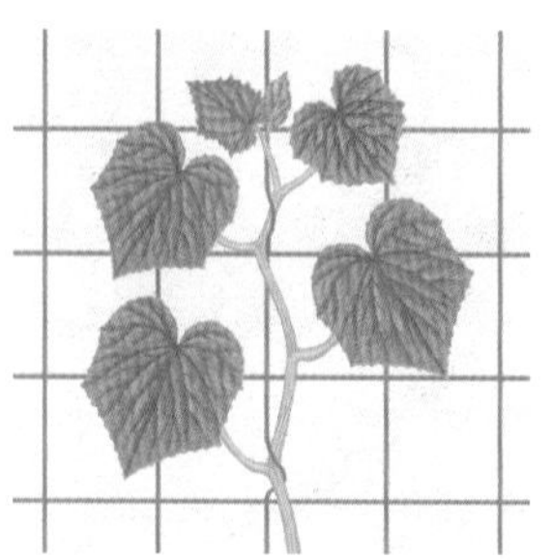

藤蔓會不停生長，需隨時將它們纏繞在網子上

STEP 4 長到支柱頂端時 將母蔓往另一側披掛

當母蔓長得比支柱還高時，將它往另一側披掛。藤蔓很柔軟故不需捻枝，但此作業仍需在植株內部水份較低的午後進行。

STEP 3 當子蔓長出 2 節時摘芯

整枝出一條母蔓，子蔓長出 2 節時摘芯。

STEP 5 母蔓接觸地面時需摘芯

母蔓接觸地面時需摘芯。摘芯後長出來的子蔓可以放任其自由生長。但葉子容易交疊，以下葉和枯黃的舊葉為修剪重點，剪除交疊部份。

母蔓及子蔓的三蔓整枝法

有這些好處！

→主蔓增加成三條，可提升單一植株的收穫量
→定植時拉大株距，所需植株數較少，可節省幼苗數量
→可從基本整枝法施行途中培育子蔓加以運用

栽培資訊

畦面（雙行種植）
畦寬：120 cm　株距：120 cm
所需資材
支柱（長約210～240 cm，上端交叉架設）
爬藤網、地膜、誘引繩

這個方法是培育母蔓和兩條生長勢較好子蔓的整枝方式。主蔓增加成三條，可提升5～6成收穫量。也因此需要較大的株距，也得增加追肥次數。

可從基本整枝法施行途中轉換成此法，當缺株時可培育隔壁植株的子蔓來填補收穫量。若可用空間不足，整枝出母蔓和另一條側蔓，培育雙蔓也很不錯。

STEP 1 將下方5～6節的側芽及雌花（果實）全部摘除。

優先考量植株生長，需將下方5～6節的側芽及雌花全部摘除。可保留雄花。

STEP 2 架設支柱

每一植株旁邊需架設三根支柱。由於需要負荷植株的重量，所以得另外斜插支柱，在交接處另外架設橫向支柱來做補強。或交叉架設支柱也行。盡可能張掛爬藤網，並用繩子綁緊。爬藤網亦有抗風功效。

利用斜向與橫向支柱增強結構

圖為種植三棵植株時的支柱架設方式。
由於單一植株的著果量增加，需要相對增加施肥量

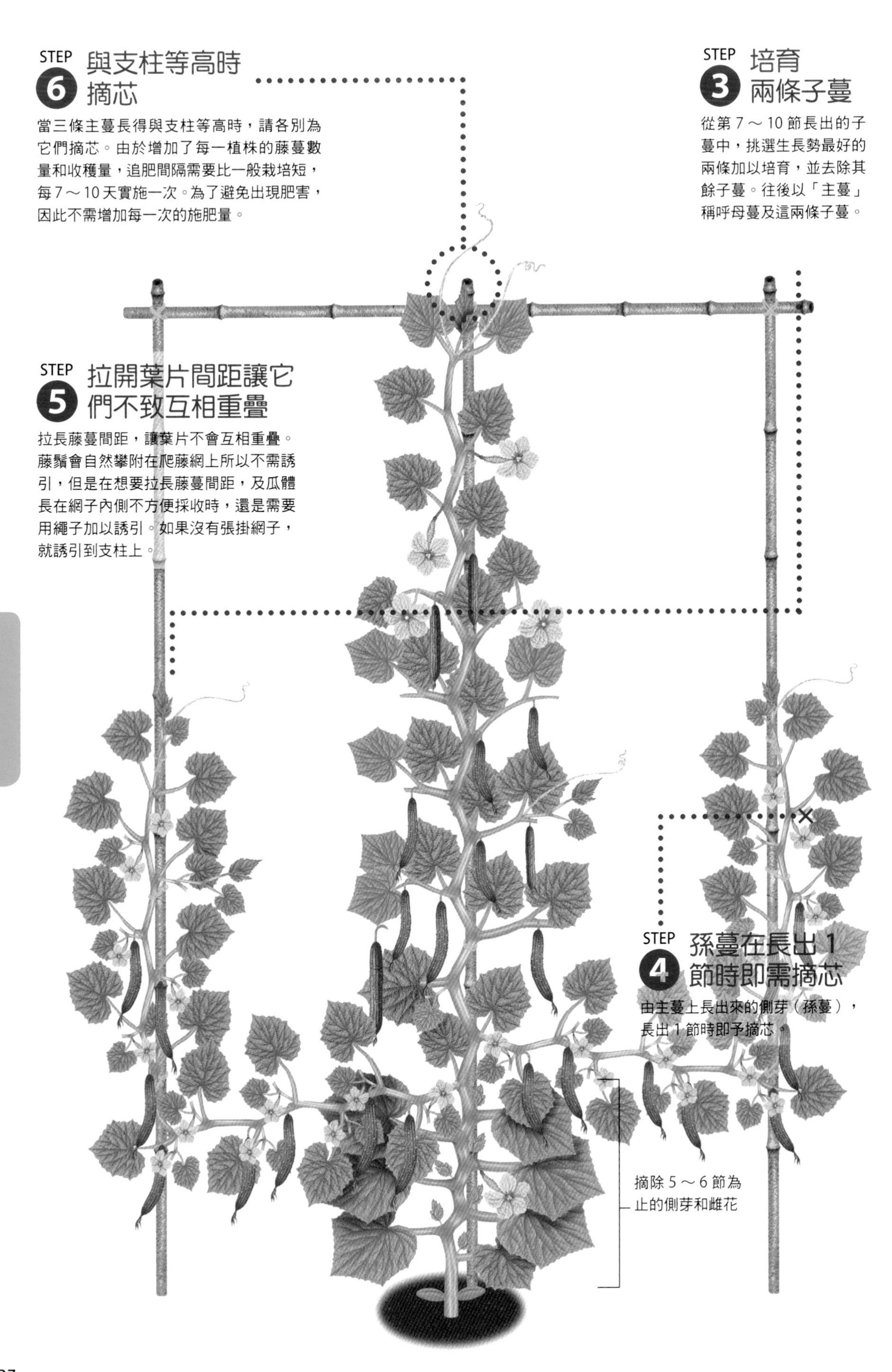
STEP 6 與支柱等高時摘芯
當三條主蔓長得與支柱等高時，請各別為它們摘芯。由於增加了每一植株的藤蔓數量和收穫量，追肥間隔需要比一般栽培短，每7～10天實施一次。為了避免出現肥害，因此不需增加每一次的施肥量。
STEP 3 培育兩條子蔓
從第7～10節長出的子蔓中，挑選生長勢最好的兩條加以培育，並去除其餘子蔓。往後以「主蔓」稱呼母蔓及這兩條子蔓。
STEP 5 拉開葉片間距讓它們不致互相重疊
拉長藤蔓間距，讓葉片不會互相重疊。藤鬚會自然攀附在爬藤網上所以不需誘引，但是在想要拉長藤蔓間距，及瓜體長在網子內側不方便採收時，還是需要用繩子加以誘引。如果沒有張掛網子，就誘引到支柱上。
小黃瓜
STEP 4 孫蔓在長出1節時即需摘芯
由主蔓上長出來的側芽（孫蔓），長出1節時即予摘芯。
摘除5～6節為止的側芽和雌花

直播匍地整枝法

有這些好處！

→直播栽培即可培育

→當夏季小黃瓜採收時開始播種，
到 9 ～ 11 月時可享受秋季採瓜樂趣

→定植時不需特殊資材。也不需要誘引，非常省工

種植小黃瓜時一般會使用支柱進行立體栽培，而這個方法是在地面以匍地式進行栽培。

小黃瓜較不適應30℃以上的高溫。因此在7月上～中旬進行田間直播，等到到9～11月時採收，就是所謂的秋收小黃瓜了。

在此需挑選耐暑，且較為適合匍地栽培的「側蔓開花」品種。與基本整枝法不同，此類品種的生長重點在子蔓上。發育初期將母蔓摘芯，整枝出4～5條子蔓，之後就可以放任使其自由生長了。藤蔓匍地栽培亦可省下將它們誘引到支柱上的工序。

栽培資訊

畦面（單行種植）
畦寬：100 cm
株距：50 ～ 70 cm
所需資材
乾稻草等敷蓋物

STEP 1 拉固定間距直播種子

灑佈基肥後作畦。在畦面中間挖深約 1 cm的小洞，每一個洞中放入3粒種子。

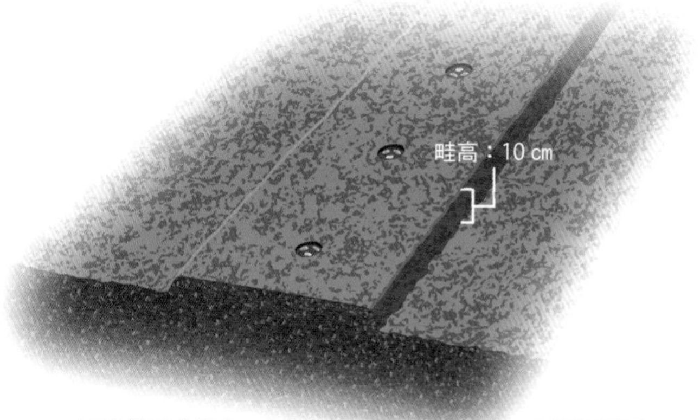

覆土後充分澆水。由於夏季高溫能提升肥效，因此不需下太多基肥。

STEP 2 疏苗成每穴一株

長出 3 ～ 4 片本葉後，疏苗成每穴只留一株幼苗。用剪刀把不要的幼苗剪掉，注意不要傷到要保留的植株根部。

STEP 3 敷蓋乾稻草或雜草

當藤蔓開始生長後，在植株根部敷蓋乾稻草或雜草。不僅可以抑制土溫上升，也能防止瓜體得病或被泥土弄髒。

STEP 4 於母蔓長出第 7 ～ 8 節時摘芯

當母蔓長出第 7 ～ 8 節時摘芯，使子蔓繼續生長。

STEP 5 整枝出 4 ～ 5 條子蔓

保留 4 ～ 5 條生長勢較佳的子蔓，其餘摘除。將子蔓均衡攤開，之後就可放任生長了。

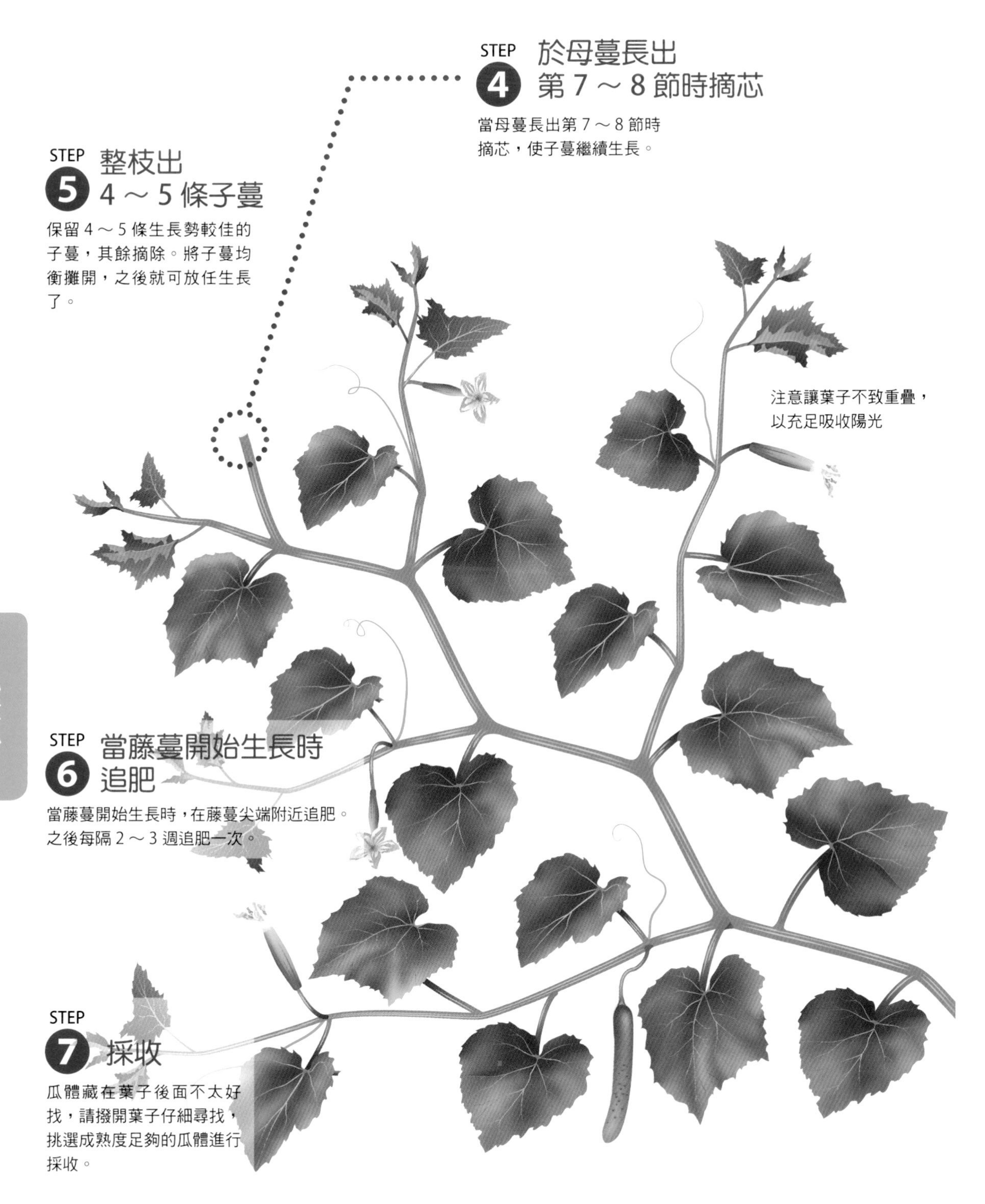

STEP 6 當藤蔓開始生長時追肥

當藤蔓開始生長時，在藤蔓尖端附近追肥。之後每隔 2 ～ 3 週追肥一次。

STEP 7 採收

瓜體藏在葉子後面不太好找，請撥開葉子仔細尋找，挑選成熟度足夠的瓜體進行採收。

專欄　母蔓開花與側蔓開花

根據雌花的開花方式（著果習性）不同，大致上可分為母蔓開花與側蔓開花兩種，整枝方式也有所差異。在各節上都會長雌花的母蔓開花型，較為適合整枝成單一母蔓的立體栽培方式。而雌花在母蔓上跳著開的側蔓開花型，則是在母蔓摘芯後，會從子蔓和孫蔓上開出雌花。由於地面被葉片遮蓋，較不容易受到高溫乾燥及強風影響，到降霜為止可保持長期收成。

南瓜

西洋南瓜很容易從母蔓各節上開出雌花，適合採用母蔓及兩條子蔓的三蔓整枝法。摘除從植株根部開始算起到第4～6節為止的子蔓，保留在那之後長出的兩條生長勢較好的子蔓。著果前需要不停摘除側芽，著果後即可放置不管。不用等很久就可從發育較快的母蔓上採收到第一顆南瓜了。

在訪花昆蟲較少出沒的季節裡，當雌花開花後盡早施行人工授粉，就能確實使南瓜著果。由於南瓜的吸肥力很強，過度施肥會導致只長葉和藤蔓而不開花，因此需等到第一顆南瓜長到拳頭大小時再追肥。基本上以每一條藤蔓1～2顆，每一株3～5顆為收穫基準。南瓜藤很會長，最好為每一植株提供長寬各1公尺左右的生長空間。

基本
栽培技巧

- 摘除由根部開始算起，到第4～6節為止的側芽
- 保留母蔓及兩條生長勢較好的子蔓
- 梅雨季前後在植株下方鋪稻草，並均勻拉開藤蔓間距
- 將著果節位中間的子蔓和側芽全數摘除

用地膜提高土溫

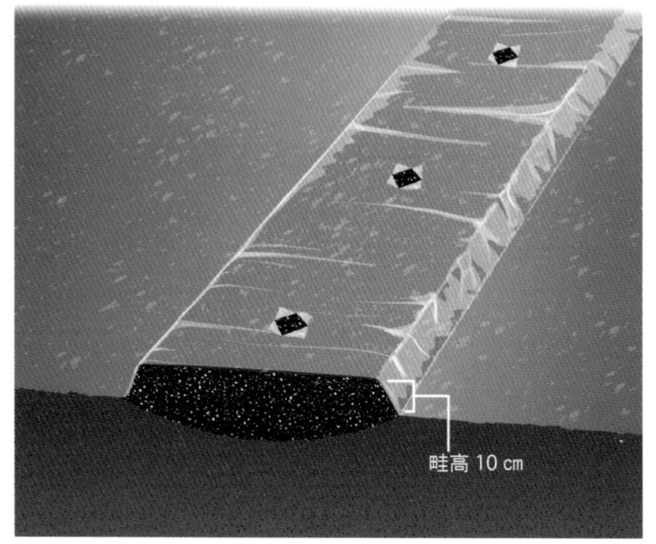

南瓜生育初期需要較高的土溫，可能需要覆蓋地膜以提高土溫。推薦使用透明地膜。

追肥時機

第一次

當第一顆南瓜長到拳頭大小時

大約抓出根系生長位置，於其前方施肥。

第二次後

第一次採收後

採收第一顆南瓜時，進行與第一次相同的追肥。之後只要覺得植株生長勢變弱，再適當施肥即可。

STEP 1 摘除由根部開始算起到第4～6節為止的子蔓

為使養份運用在植株生長上，由根部開始算起到第4～6節為止的子蔓需從藤蔓基部摘除。

STEP 2 整枝出母蔓及兩條生長勢較好的子蔓合計共三蔓

當子蔓開始生長後，留取兩條生長勢較好的子蔓，加上母蔓整枝出三條藤蔓。以下將母蔓和兩條子蔓統一稱為「主蔓」。

栽培資訊

畦面（單行種植）

畦寬：100 cm　株距：100 cm

＊只種一棵時，在預定位置上作馬鞍形畦面再定植

所需資材

地膜、誘引繩、乾稻草

種植時期

（平地）5月上旬～5月下旬

（高冷地）5月下旬～6月中旬

（溫暖地）4月下旬～5月中旬

基本整枝方式

母蔓・子蔓三蔓整枝法

STEP

4 人工授粉

開在低節位的雌花容易長出畸形果和小果，基本上需摒除第一雌花，使第二、第三雌花著果。在雌花開花後，於早上 9 點前完成人工授粉，另在花朵附近用標籤註記授粉日期，可作為採收日期基準。過幾天後若是著果失敗，幼果萎縮或枯黃掉落時，再挑第 4 ～ 5 節開的雌花進行人工授粉。也可以用第一雌花做為人工授粉及著果的練習對象。

STEP

3 將著果節位到根部之間的側芽全部摘除

於雌花開花前，需摘除主蔓上長出的側芽。當第一顆南瓜著果後，就可以放置不管了。藤蔓交纏處需適當清理，以免悶熱不通風。

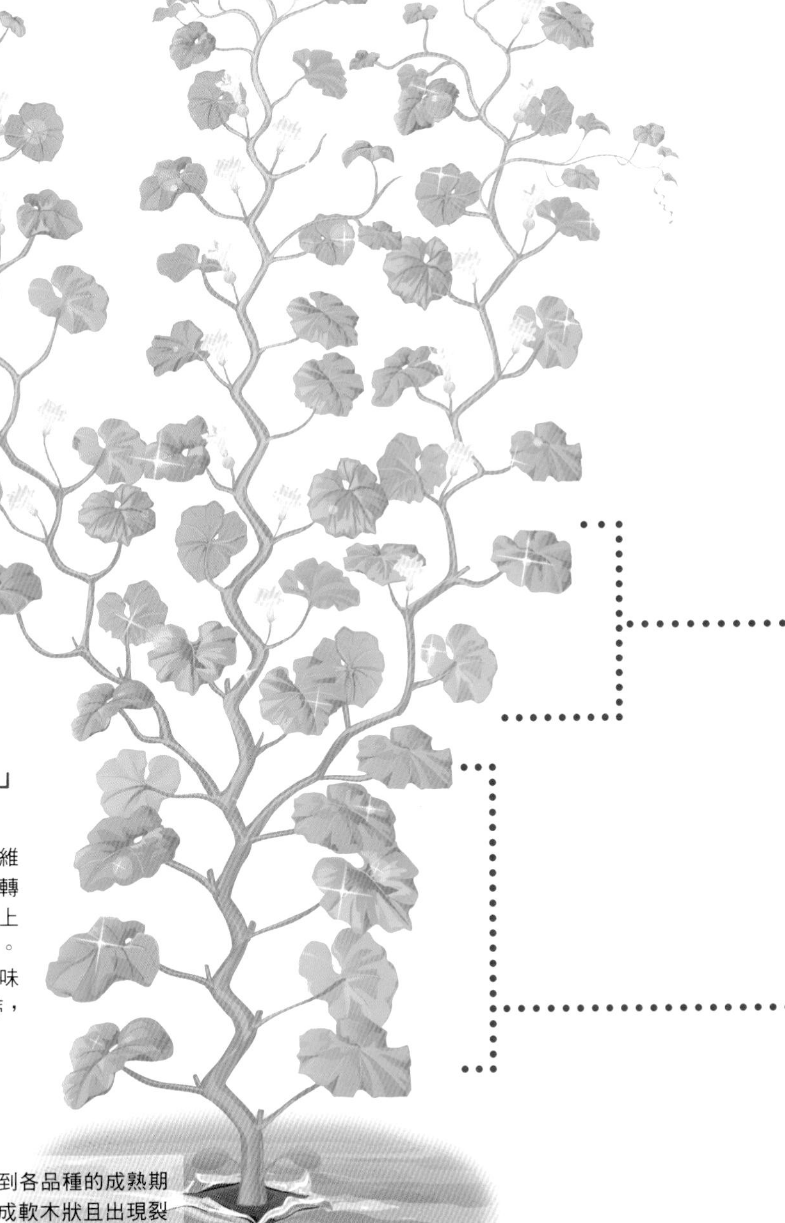

STEP

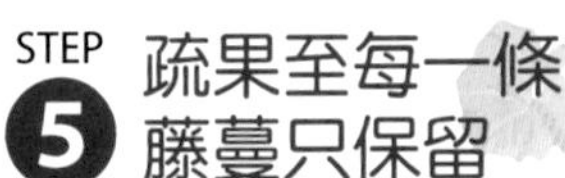

5 疏果至每一條藤蔓只保留 1 ～ 2 顆南瓜

在藤蔓開始延伸前剝除地膜，為防止藤蔓和葉片受損，在植株底下敷蓋稻草，並均勻分配藤蔓的生長空間。等第一顆南瓜長到拳頭大時，在稻草上及藤蔓尖端追肥。採收標準大致上為每一條藤蔓 1 ～ 2 顆。著果過多時請趁早疏果。

STEP

6 進行「果實扶正」為南瓜均勻上色

由於曬不到太陽，果實貼地部份會維持黃色。當南瓜開始變色時可以旋轉果實改變接地面，為整顆南瓜均勻上色，此一作業被稱為「果實扶正」。不做扶正只會影響外觀，對口感和味道沒有影響。轉得太過度會扭斷瓜蒂，需多加留意。

STEP

7 採收

從授粉日起經過 40 ～ 50 天後，達到各品種的成熟期即可採收。以瓜蒂轉為黃褐色，變成軟木狀且出現裂紋時為分辨基準。採收後擺在陰暗處 1 ～ 2 週追熟，可使澱粉質轉變成糖份以提升甜度。

子蔓三蔓整枝法

有這些好處！

→三條子蔓的成長速度幾乎相同，難以分出優劣，可採收到成熟度均等的果實
→每一條藤蔓只留一顆南瓜，可將養份集中在果實上，種出美味的南瓜
→同時採收整理起來較為方便，也方便安排田地的後續耕作

這是將母蔓摘芯，只留下子蔓培育的整枝方式。此一整枝方式較為適合生長勢與西洋南瓜相比不是那麼快速的日本南瓜。當母蔓長到第4～5節時摘芯，整枝出三條子蔓，對子蔓的第4～5節開出的第一朵雌花實施人工授粉使其著果。

以一條藤蔓留一顆，每一植株採收三顆南瓜為目標，盡早將多餘果實疏果。將養份集中在剩餘的果實上，以培育出美味的南瓜。

栽培資訊

畦面（單行種植）
畦寬：100 cm　株距：100 cm
所需資材
地膜、誘引繩、乾稻草

運用地膜提高土溫

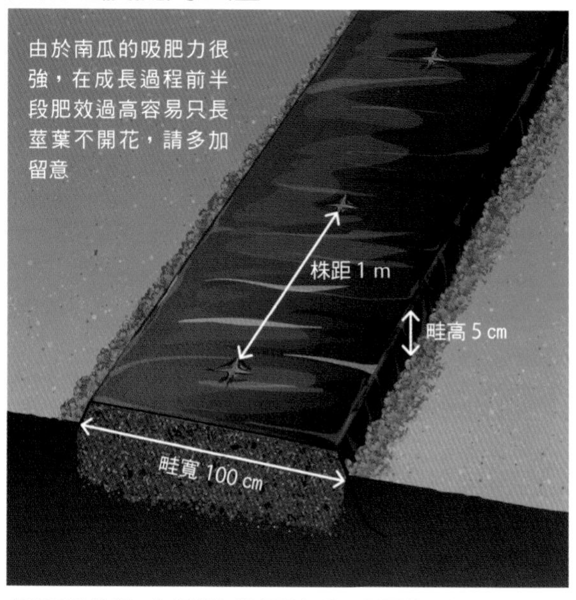

保留足夠株距，為便於初期保濕保溫，需覆蓋地膜。下太多基肥容易只長莖葉不開花，可均衡撒佈腐熟有機肥等緩效性肥料

只需一次追肥

當藤蔓生長至長度 50 cm左右時，在藤蔓前端環狀施肥。

專欄　南瓜的開花習性

西洋南瓜	母蔓：在 10～15 節開第一朵花，往後每 5～6 節一朵。 子蔓：在 8～12 節開第一朵花，往後每 4～8 節一朵。
日本南瓜	母蔓：在 7～8 節開第一朵花，往後每 4 節一朵。 子蔓：在 4～5 節開第一朵花，往後每 3～4 節一朵。

STEP 1 母蔓由根部算起長出 4 ～ 5 節時摘芯，留下三條子蔓培育

母蔓長出 4 ～ 5 節時摘芯。在子蔓開始生長後，留三條長得最好的子蔓，將其餘藤蔓從基部剪除。藤蔓延伸後需在植株下方鋪稻草，並平均分配各蔓的生長空間。

STEP 4 疏果至每蔓只留一顆果實

由於每一子蔓只需留一顆果實，留下最早著果且大小外觀較好的南瓜，其餘疏果。疏果後可集中養份，種出好吃的果實。

STEP 2 著果前需摘除孫蔓

著果前需不停摘除側芽（孫蔓）。著果後就能放任不管了，但還是需要去除互相交纏的藤葉。

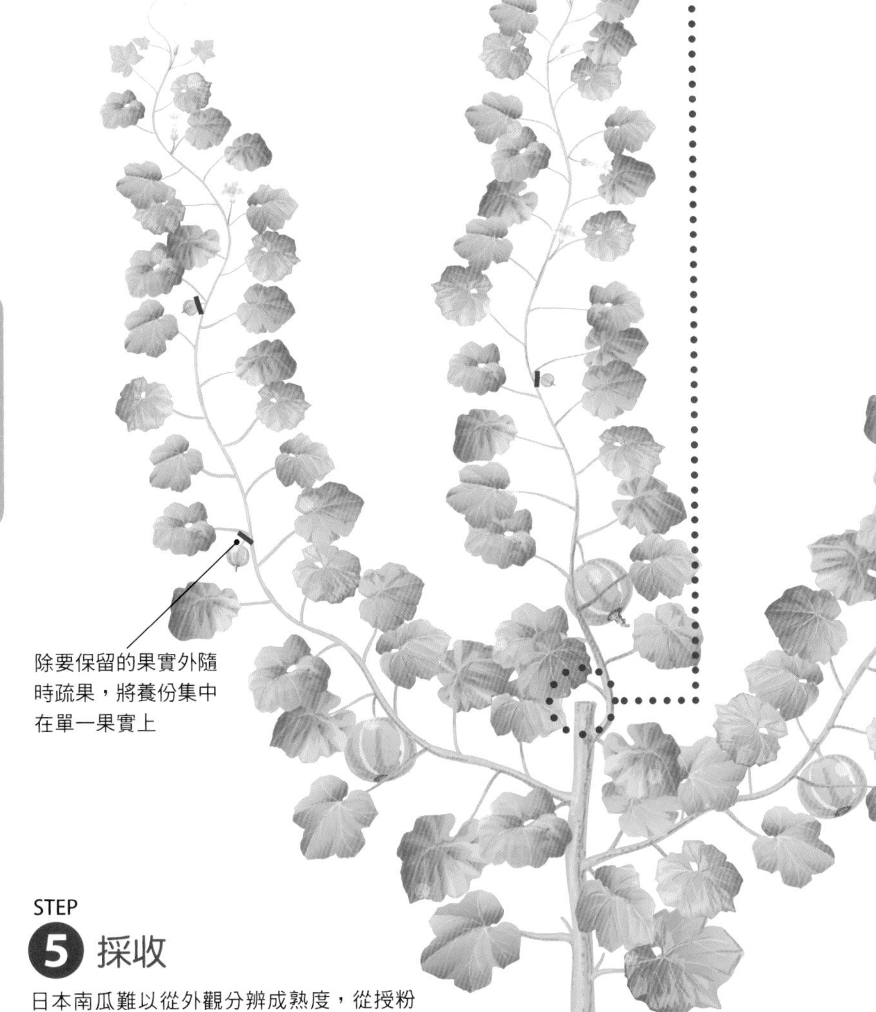

STEP 5 採收

日本南瓜難以從外觀分辨成熟度，從授粉日做計算比較方便。萬一不記得授粉日，就只能由果梗從淡綠色變成淡黃色、果皮顏色變深、失去光澤、外皮被果粉包覆等特徵做為採收的大致基準。

STEP 3 為第一雌花進行人工授粉

當各蔓開出第一朵雌花後，在早上進行人工授粉。為確認授果日，可在醒目的地方做記號。

密技2 迷你南瓜立體更新整枝法

有這些好處！

→與匍地栽培相比，可利用較狹窄的空間種植
→植株整體均能接受陽光照射，通風也比較好
→不需果實扶正，容易採收
→著果負擔較輕，不需疏果可連續結實

想要利用狹小面積種植南瓜時，架設支柱張掛網子，讓藤蔓攀附上去進行立體栽培是再適合不過的了。迷你南瓜重量較輕，著果性也很好，特別適合立體栽培法。

由於藤蔓及葉片生長茂盛後頗有重量，需使用較粗的支柱，牢固地交叉架設。需要適度誘引藤蔓、人工授粉及追肥、採收時機與基本整枝法相同。

雖然架設支柱得花點功夫，但不需要另行疏果和果實扶正。

栽培資訊

畦面（單行種植）
畦寬：100 cm　株距：100 cm
所需資材
支柱（交叉架設長約 210～240 cm的支柱）
爬藤網、地膜、誘引繩、乾稻草

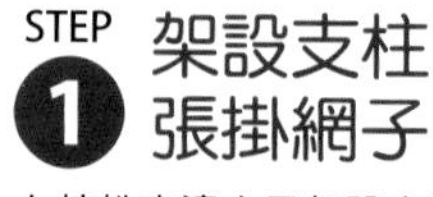

STEP 1 架設支柱 張掛網子

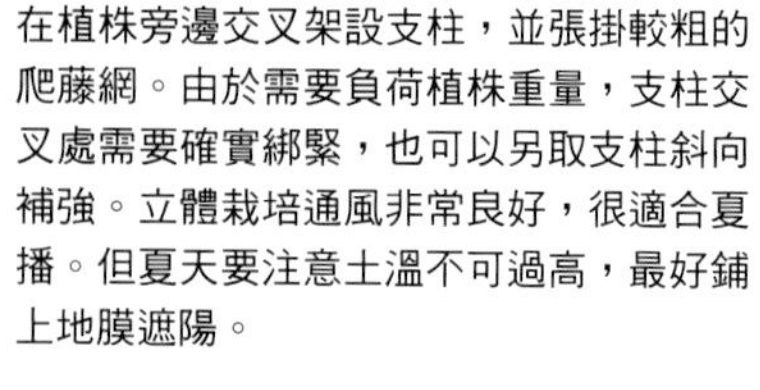

在植株旁邊交叉架設支柱，並張掛較粗的爬藤網。由於需要負荷植株重量，支柱交叉處需要確實綁緊，也可以另取支柱斜向補強。立體栽培通風非常良好，很適合夏播。但夏天要注意土溫不可過高，最好鋪上地膜遮陽。

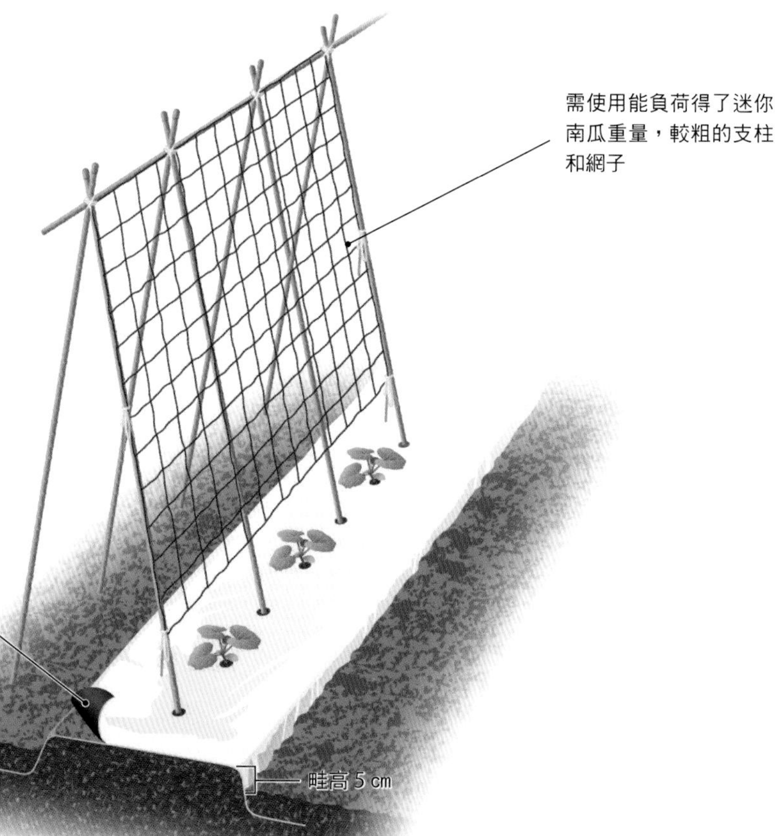

STEP 2 整枝出一條母蔓和兩條子蔓並加以誘引

於母蔓生長後，從側向長出的子蔓中挑出生長勢最好的兩條來培育。將各藤蔓平均張掛誘引至支柱上，長到支柱頂端後將它們往另一側垂掛。由於從莖條上長出的卷鬚無法自力攀爬，因此需要人工誘引。

STEP 3 著果前需摘除側芽

摘除著果節之前的側芽，人工授粉著果後就能放任不管了。但還是需要適當去除互相交纏的藤葉。

STEP 4 追肥

等第一顆南瓜長到拳頭大時，在離植株根部稍遠的地膜上方用棒子戳個洞，往洞裡施肥。

STEP 5 在植株根部敷蓋稻草

梅雨季時需在植株根部敷蓋稻草。地膜剝不剝都沒關係。梅雨過後增加稻草敷蓋厚度，以抑制土溫上升。

青椒・獅子唐辛子・辣椒

本篇講述的三種植物均為茄科辣椒屬的蔬菜，特色是耐熱、結果率很高。

就算不整枝也能採到40～50個左右的果實，整枝過後從單一植株取得上百顆果實的採收並不困難。它們每長一片本葉就能開花，同為茄科的番茄要長三片本葉才會開花，而茄子每兩片本葉才開花。相較之下此類植物的開花效率是非常出色的。

此外，它們每次開花時能從同一節分岔長出2～3條新的枝條，開花數量越高，枝條也會隨之增加。基本整枝方式是培養主幹和兩條側枝的三幹整枝法，需要觀察生長狀況，適當修剪缺乏日照的內側枝條和較弱小的枝條，以修飾植株形狀。只要定期追肥跟澆水，可持續採收至晚秋為止。

基本
栽培技巧

- 整枝出主幹及第一朵花下方的兩根側芽，共三根枝條
- 初次結實時趁早採收，將養份用在植株成長上
- 定植後一個月起，每隔3～4週追肥
- 青椒和獅子唐辛子開花後，15～20天可採收
- 辣椒果實不需在意成熟度，隨時可以採收

在地底深處埋入基肥

為了使長期採收過程中植株不會失去活力，需在地底深處埋入緩效性基肥。為了保溫及保濕，需覆蓋黑色地膜。

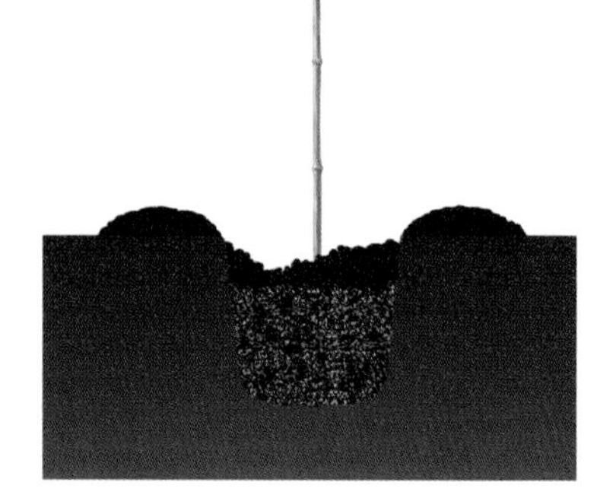

一定要架設臨時支柱

青椒枝條容易彎曲，定植後一定要架設臨時支柱，用繩索圈成8字型稍做固定。

栽培資訊

畦面（單行種植）
畦寬：60㎝　株距：45～50㎝
所需資材
支柱（垂直架設長約120～150㎝的支柱。也可交叉架設兩根支柱）
地膜、誘引繩
種植時期
（平地）4月下旬～5月下旬
（高冷地）5月中旬～6月中旬
（溫暖地）4月中旬～5月中旬

專欄　青椒家族的分類方式

青椒、獅子唐辛子、辣椒等椒類，基本上可根據果實大小、有無辣味及採收時期等不同特徵，大致分為下列幾種類別。但最近市面上也出現了可採收成熟果實的中果品種，和未成熟時即予採收的大果品種等一些無法以傳統分類法區分的新品種。

果實大小	有無辣味	採收時期	主要名稱
大果品種	甜味品種	採收成熟果實	彩椒（大甜椒）、水果彩椒
中果品種	甜味品種	採收未成熟果實	青椒
小果品種	甜味品種	採收未成熟果實	獅子唐辛子、甜椒
	辣味品種	不分成熟度隨時可採收	辣椒

基本整枝方式

主幹・側枝三幹整枝法

STEP
1 保留第一朵花下方的兩根側芽

從第一朵花下方的側芽中，挑選兩根生長勢最好的側芽培育，整枝出主幹及兩條側枝，共三根枝條。將側枝下方的側芽全部摘除。從摘除過側芽的地方會再次長出側芽，請隨時摘除它們。

STEP
2 架設支柱一口氣誘引

當植株長高後移除臨時支柱，在距離植株根部約 10 cm的地方架設正式支柱，將植株誘引上去。由於枝條容易折斷，請一口氣完成誘引。如果想提升支撐強度，除了主支柱以外可以再拿兩根支柱交叉固定於第一朵花下方，將三根枝條分別誘引至不同支柱上。

STEP
3 初次結實時趁早疏果

在第一顆果實還小時趁早疏果，讓養份能用在植株成長上。在長花苞時就摘掉也可以。

STEP
4 不需摘芯，只需修剪交疊的枝條

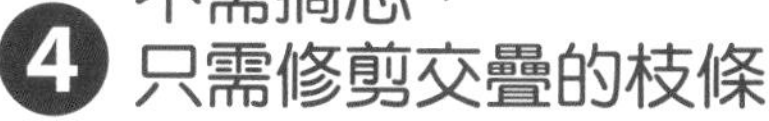

完成三幹整枝後就可以放任生長了。當莖葉茂盛生長後，再適當修剪交疊及過細的枝條即可。

STEP
5 每 3 ～ 4 週追肥

開始採收後，每隔 3 ～ 4 週追肥一次。由於可長期採收至入秋，需注意肥料不可中斷。天候持續乾燥時請充分澆水。

STEP
6 採收

自第二顆果實起，就能根據各品種果實成熟大小採收了。青椒和獅子唐辛子在開花後 15 ～ 20 天，趁果實還是綠色時採收。而辣椒不需在意成熟度，隨時可以採收。

在地膜上開洞，往根部末端附近澆水。

專欄　辣椒整枝方式

在不同種類的辣椒中，有著像『八房』辣椒之類簇生果實的品種，它們不需整枝。定植後就可以放任生長了。

彩椒的栽培網整枝法

有這些好處！

→栽培網易於設置，且網子能幫忙支撐枝條，不需誘引
→疏花可減輕植株負擔，維持生長勢

栽培資訊

畦面（單行種植）
畦寬：120 cm　株距：45 cm
所需資材
支柱（在植株 4 週架設長約 150 cm，另外用長 120 及 210 cm補強結構）
地膜、栽培網（亦可用爬藤網或麻繩代替）、繩索

此法是一種利用栽培網支撐枝條與果實的方式，適用於會結出較大果實的彩椒植株。

彩椒的採收時機大約在開花後60天左右，採收成熟果實。和未成熟即可採收的青椒相比，彩椒對植株的負擔較大，因此需將第三分枝前的花朵全部摘除以延後採收時間，讓養份能用在植株成長上。

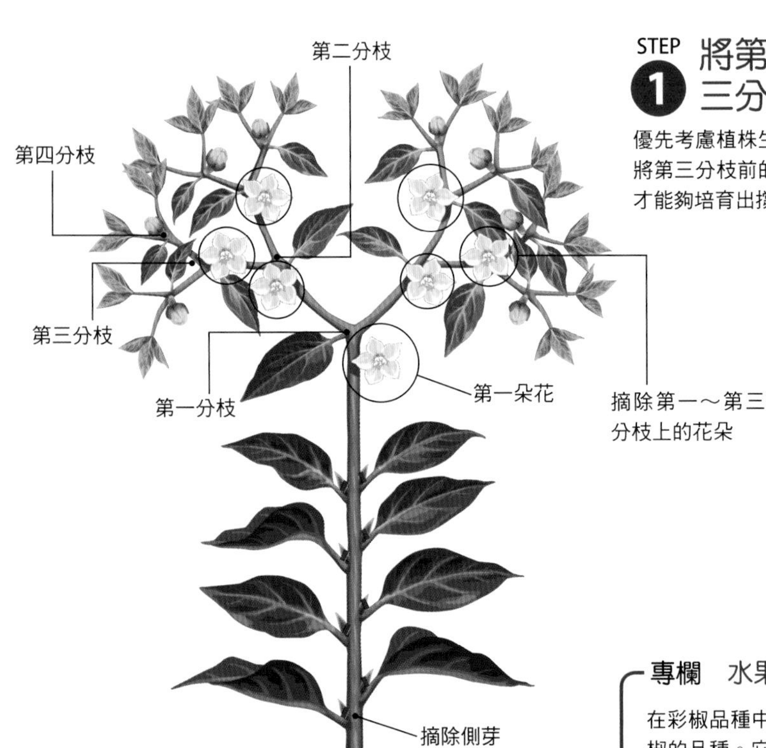

STEP 1 將第一朵花下方的側芽及第三分枝前的花朵全部摘除

優先考慮植株生長，將第一朵花下方的側芽全部摘除。另將第三分枝前的花朵也都摘除以延後結果時間。如此一來才能夠培育出撐得住長期採收的植株。

專欄　水果彩椒不適合露天種植

在彩椒品種中，有一種結鐘型果實，被稱為水果彩椒的品種。它是溫室栽培用的品種，不適合露天種植。家庭菜園種植請排除該品種，挑選抗病耐寒的品種來種植。

STEP
❷ 架設支柱，張掛栽培網

當植株高度長到 40 ㎝左右時，在植株四週架起支柱，水平張掛孔目約 20 ㎝的栽培網或爬藤網。網子需要負荷植株重量，請確實堅固地架好支柱。
之後每隔 30 ㎝高度張掛一面網子，以支撐枝條重量。可以用爬藤網來代替栽培網使用，也可以每隔 20 ㎝綁一條麻繩。

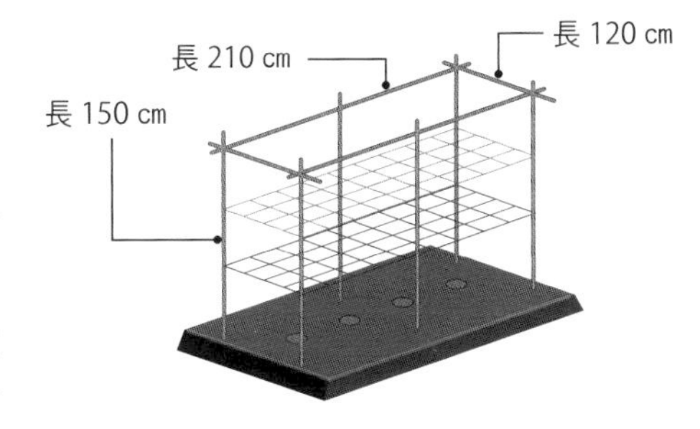

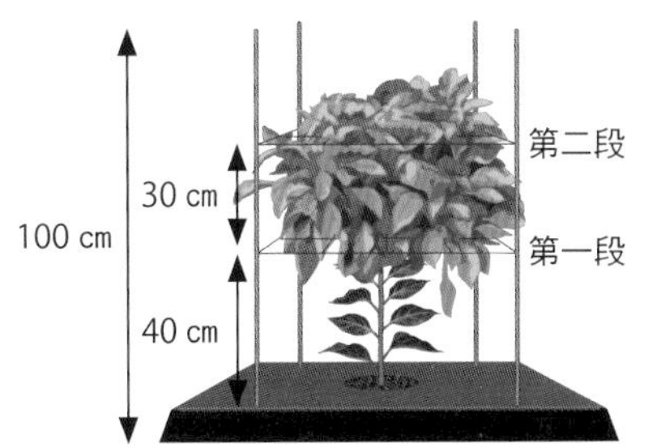

STEP
❸ 放任枝條生長

放任第一朵花以上的枝葉自由生長。適當修剪枯萎下葉和未開花的枝條，以及內側的虛弱枝條，保持良好通風。

STEP
❹ 疏果

若要使所有果實都長到成熟，對植株的負擔實在過大，可趁早摘除受損及畸形的果實以維持生長勢。結出過多果實影響到植株生長時，於追肥的同時可疏除部份未成熟的果實以減輕植株負擔。

STEP
❺ 每隔 2 ～ 3 週追肥及採收

著果對植株的負擔很大，請定期追肥維持生長勢。過度乾燥會影響到果實肥大程度，請充足澆水。從開花算起 60 天後，依各品種成熟果實的顏色而定，進行採收。

玉米

想要培育出飽滿的雌穗，就必需在雌穗分化前和雄穗出穗時這兩個時間點追肥。第一次追肥時剝除地膜，向植株根部培土，會長出節根（支持根），使根系更為穩固。

玉米栽培法正隨著最新研究成果而不停進化。

其中之一是保留側枝的栽培方法。過往會去除側枝，只保留一根主幹，但現在我們知道了保留側枝時葉片數量較多，可增加光合成總量，根系更加穩固而較能抗風。由側枝抽出的雄穗花粉在授粉時也有助益。

另一個是不需除穗。以往為了培育出飽滿的雌穗，只保留頂端雌穗，並砍除其餘雌穗。但現行品種都有充足的精力，可從每一植株上採收到兩條以上的玉米。

基本
栽培技巧

- 為了增加授粉機會，需集中種植相同品種
- 追肥兩次，不可錯失時機
- 不需砍除側枝
- 當雌蕊（玉米鬚）變成褐色，雌穗前端飽滿突起成橢圓狀時即可採收

STEP 1 請同時種植兩列以上相同品種

由於玉米是藉由風力傳播花粉來受粉的風媒花，萬一被不同品種的花粉授粉，可能會改變各品種應有的特性。因此相同品種需同時種植兩列以上。如果想種植其他品種的玉米，至少需有 50 公尺以上的間隔或挑選開花期不同的品種種植。

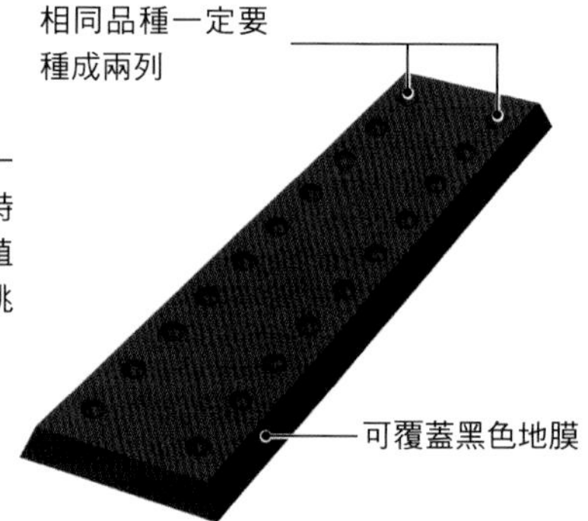

STEP 2 在適當時機追肥

追肥需在株高約 50 cm及雄穗出穗期這兩個時期進行。第一次追肥時剝除地膜再追肥，在植株根部充足培土以防止倒伏。使用生物分解性地膜時，直接在地膜上培土也沒關係。

追肥時培土可防止倒伏

栽培資訊

畦面（雙行種植）
畦寬：100 cm
株距：30 cm
兩行間距：70 ～ 80 cm

所需資材
地膜

播種時期
（平地）4 月中旬～ 5 月下旬
（高冷地）5 月上旬～ 6 月中旬
（溫暖地）4 月上旬～ 5 月中旬

保留側枝整枝法

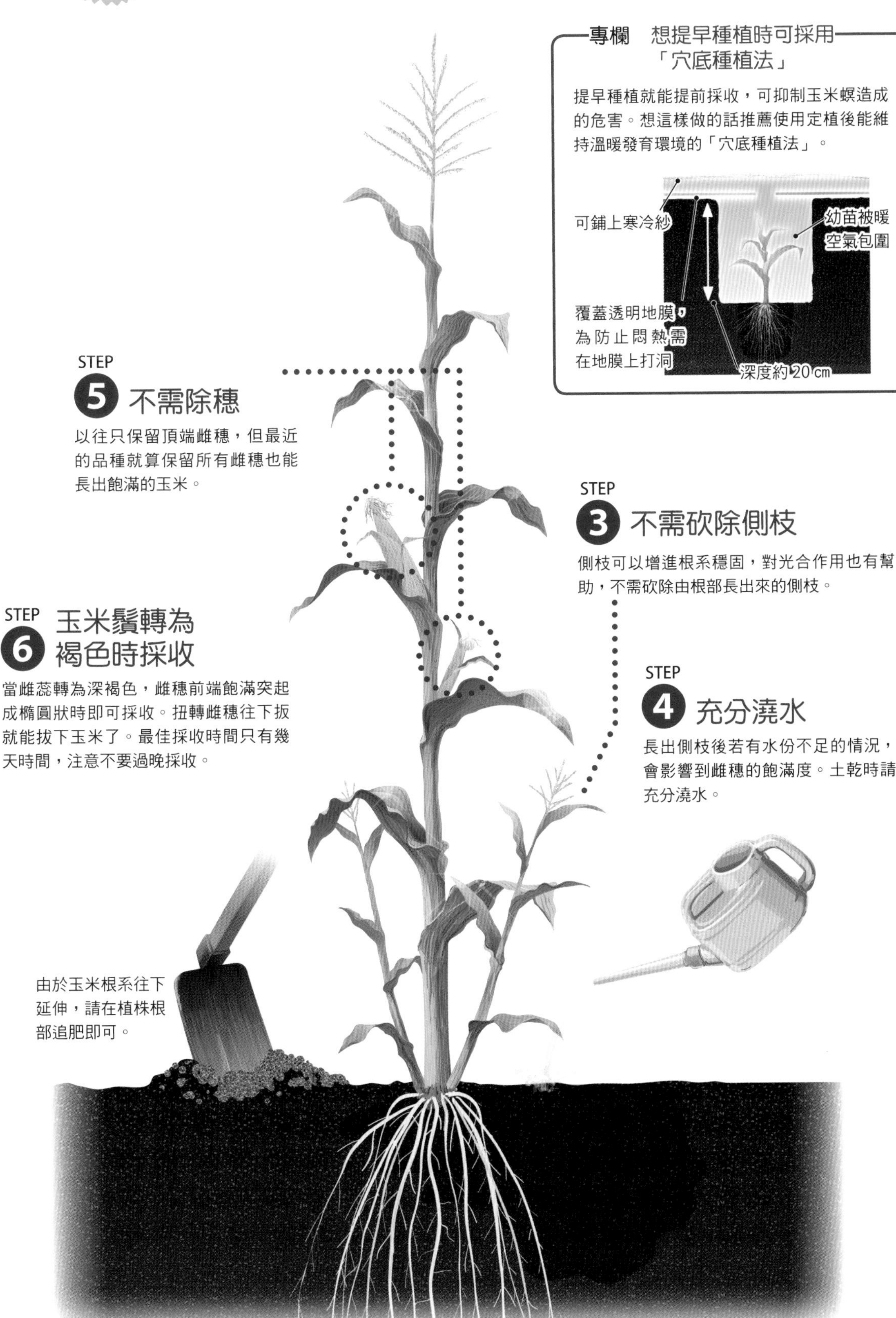

專欄　想提早種植時可採用「穴底種植法」

提早種植就能提前採收，可抑制玉米螟造成的危害。想這樣做的話推薦使用定植後能維持溫暖發育環境的「穴底種植法」。

STEP 3 不需砍除側枝

側枝可以增進根系穩固，對光合作用也有幫助，不需砍除由根部長出來的側枝。

STEP 4 充分澆水

長出側枝後若有水份不足的情況，會影響到雌穗的飽滿度。土乾時請充分澆水。

STEP 5 不需除穗

以往只保留頂端雌穗，但最近的品種就算保留所有雌穗也能長出飽滿的玉米。

STEP 6 玉米鬚轉為褐色時採收

當雌蕊轉為深褐色，雌穗前端飽滿突起成橢圓狀時即可採收。扭轉雌穗往下扳就能拔下玉米了。最佳採收時間只有幾天時間，注意不要過晚採收。

擊退玉米螟整枝法

有這些好處！

→授粉後摘除雄穗，防止玉米螟幼蟲移動到雌穗
→用套袋包覆雌穗，防止害蟲入侵
→套袋亦可預防鳥害

這是從重要害蟲玉米螟幼蟲口中保護雌穗的栽培法。幼蟲剛開始會侵害雄穗，於數日後蛀入開花中的雌穗隨意啃食果穗。將雄穗也就是害蟲發生源摘除，在害蟲往雌穗移動前就將它們擊退。

此外這也是一種將用以保護雌穗，避免與其他品種交叉授粉的套袋，轉用於防止害蟲及鳥害的創意栽培方式。

授粉前各栽培步驟，以及採收時機都與基本整枝方式相同。

栽培資訊

畦面（雙行種植）
畦寬：100 ㎝
株距：30 ㎝
兩行間距：70～80 ㎝
所需資材
地膜、水果套袋、繩索

STEP 1 於授粉後摘除雄穗

於雄穗花粉飛散經過 1～2 天後，雌穗的雌蕊（玉米鬚）轉變成淡褐色就表示已受精完成了。搖晃雄穗也不再飄落花粉後，即可從花梗基部將雄穗摘除。

從花梗基部將雄穗摘除

用套袋包覆

雌穗

STEP 2 用套袋包覆雌穗

用保護葡萄等水果類使用的水果套袋完整包覆已完成授粉的雌穗。用繩索綁緊套袋開口處，以確保害蟲無法鑽進去。亦可用細目尼龍網或不織布等縫製成袋，代替水果套袋使用。由於雌穗最高可長到 30 ㎝長，一開始就要使用足夠大的套袋。

密技 2

三腳整枝法

有這些好處！

→將植株綁在一起抵抗強風
→摘除雄穗，可防止玉米螟幼蟲移動到雌穗

這是一種不使用特別資材，純粹靠植株自身支撐的特殊整枝方式。

株高較高，但根系較淺的玉米植株，常會因風雨侵襲而傾倒，造成非常大的困擾。授粉完畢後摘除雄穗，將三棵植株像三腳架一樣綁在一起，可互相支撐而增強抗風能力。

碰到颱風來襲之類的狀況時用網子覆蓋所有植株，更可防止葉片受損。

栽培資訊

畦面（雙行種植）
畦寬：100 ㎝
株距：30 ㎝
兩行間距：70 ～ 80 ㎝
所需資材
地膜、繩索

玉米

STEP 1 摘除雄穗

確認授粉完畢後摘除雄穗。

STEP 2 以三株玉米為一組綁好

以三株為單位，用繩子綁緊已摘除雄穗的植株株頂。

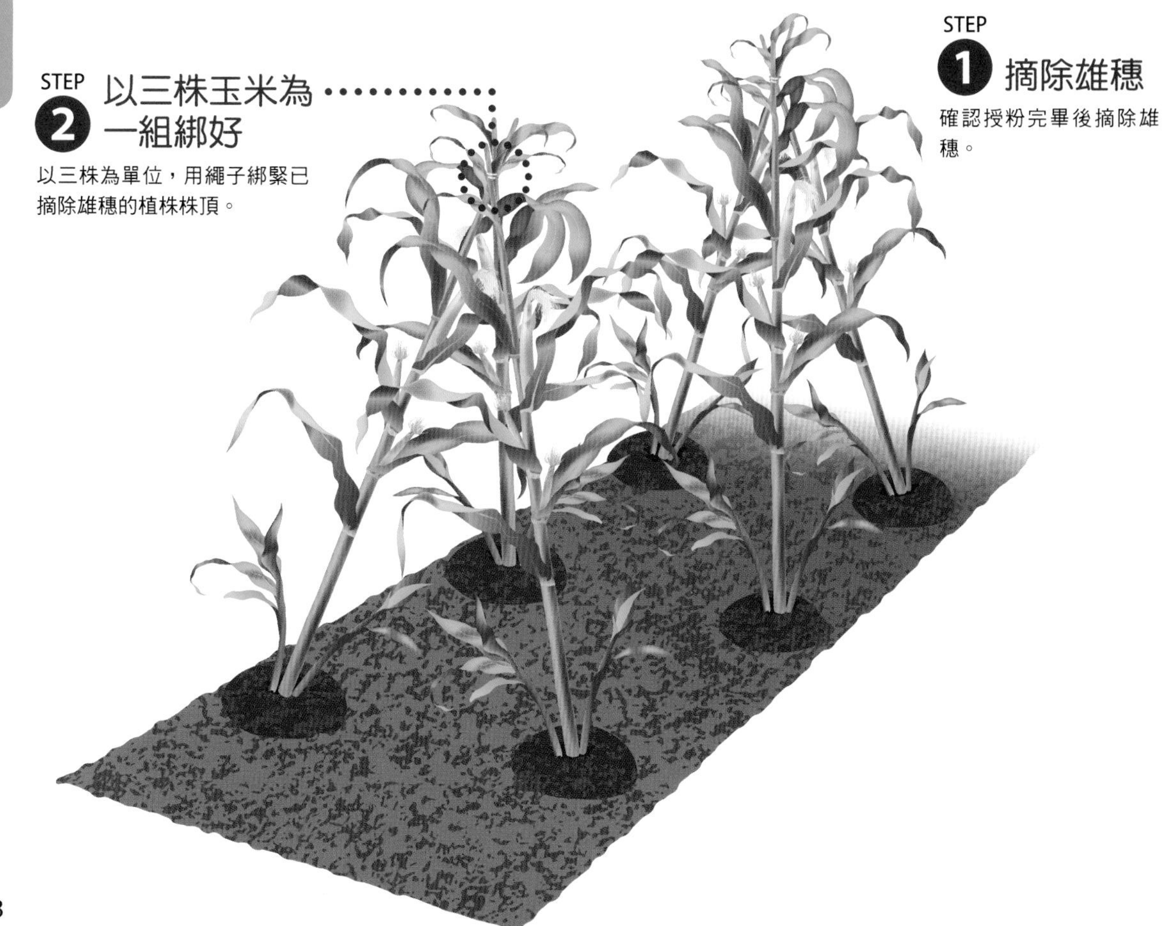

毛豆

毛豆採收後會很快喪失新鮮度，於採收後立即食用的家庭菜園中種植，可將食材原本的美味發揮到極限。由於與豆科植物根部共生的根瘤菌會進行固氮作用，將空氣中的氮供給毛豆使用，因此種植毛豆時不需太多肥料，需特別注意減少氮肥使用。基本上不需要追肥，但在植株發育狀況不佳時仍可適當施肥。

由於毛豆種子很容易被鳥類偷吃掉，播種後可以覆蓋用資材避免鳥害。在同一種穴中同時培育兩棵幼苗，植株生育初期可以相互支撐，避免倒伏。而在生育期後半，則在植株根部充分培土以防止倒伏。

毛豆的採收時期非常短，只有5～7天，請不要過晚採收。除整株拔起外，種植株數較少時也可以考慮用剪刀逐一剪取已可採收的豆莢。

基本栽培技巧

- 豆科蔬菜需減少氮肥使用量。基本不需追肥
- 播種後為預防鳥害，可覆蓋不織布或以隧道棚架張掛寒冷紗。當本葉張開，子葉萎縮後就可以撤除了
- 當豆莢發育足夠飽滿後，趁豆仁變硬前採收

基本整枝方式 放任整枝法

STEP 1 於同一種穴內種植兩棵豆苗

整地時混入少許基肥，作畦時株距 25 cm，兩行間距 45 cm，覆蓋地膜挖好種穴，每穴播下 2～3 顆種子。毛豆種子容易被鳥類偷吃掉，播種後請以覆蓋用資材遮蓋好。長出初生葉後疏苗至每穴留兩棵豆苗，長出本葉後即可撤除覆蓋資材。

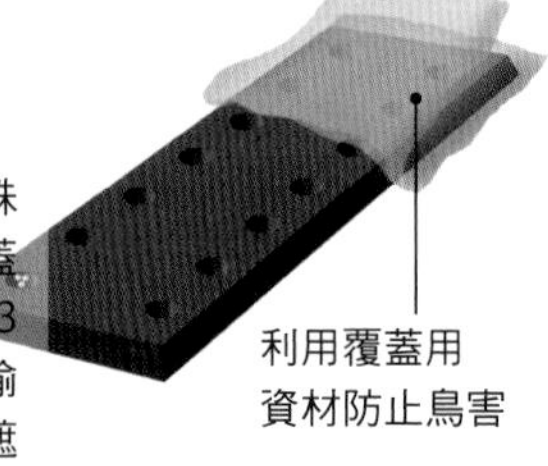

STEP 2 基本為放任自由生長但需確實培土

基本採放任方式自由生長，不需追肥。若開始開花時出現葉片顏色偏淡或不夠茂盛等症狀就代表肥料不足，此時需要追肥。豆莢開始發育時，植株容易因支撐力不足而倒伏，可在地膜上充足培土，高度蓋過子葉及初生葉也沒關係。

STEP 3 於豆莢發育飽滿時採收

由於豆子從植株下方開始一路往上成熟，當中段豆莢膨大時連根整株拔起即可。過晚採收時豆莢顏色轉黃，不僅使豆仁變硬，還會減損風味。

※為方便解說，圖片上只畫了一棵植株，但實際操作時是兩棵種在一起的。

栽培資訊

畦面（雙行種植）
畦寬：60 cm
株距：25 cm
兩行間距：45 cm

所需資材
隧道支柱、地膜、不織布或寒冷紗等覆蓋資材、固定釘

播種時期
（平地）4 月中旬～5 月下旬
（高冷地）5 月中旬～6 月下旬
（溫暖地）4 月上旬～5 月中旬

主幹摘芯整枝法

有這些好處！

→側芽生長旺盛，在增加枝條的同時也提升了產量
→開花時期統一，豆莢的發育速度也相仿，可提高單次收穫量
→植株不會過高，可精簡外觀且不易倒伏

此法幾乎不需特殊的工序，只需在長出五片本葉時摘芯就能提升產量，是種簡單又有很多好處的栽培法。

毛豆有著長出五片本葉時開始伸長側枝的特殊習性，在分枝力最旺盛的時期摘芯，即可增加側枝。當用在擁有較長主幹的中生品種毛豆上時，對主幹摘芯不僅可抑制株高，更可預防倒伏。

除摘芯之外，其餘栽培步驟與基本整枝方式相同。

栽培資訊

畦面（雙行種植）
畦寬：60 cm
株距：25 cm
兩行間距：45 cm
所需資材
隧道支柱、地膜、不織布或寒冷紗等覆蓋資材、固定釘

STEP 1 長出4～5片本葉時摘芯

長出4～5片本葉後，將枝條頂端摘芯。可抑制株高，使養份用在側枝生長並促進側枝分岔，旺盛延伸。摘芯過遲會導致側枝生長勢低落，需特別注意。

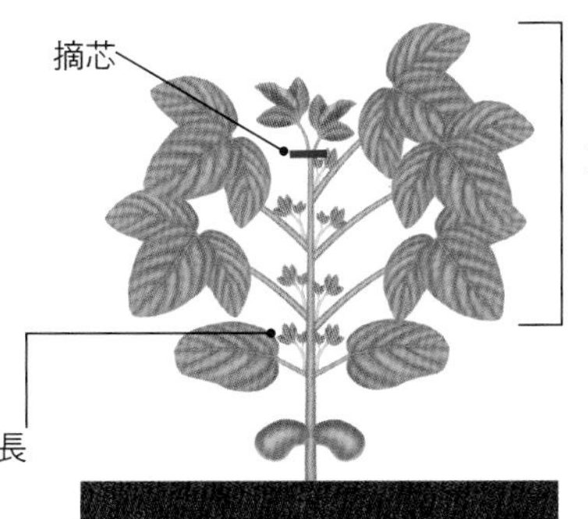

STEP 2 採收

採收時機與基本整枝方式相同。過晚採收會使豆仁變硬，請趁新鮮美味時採收。

苦瓜

苦瓜不僅耐熱，還有生長勢旺盛與幾無病蟲害等優點，栽培非常容易。近來開始有人將它當做牆面綠化植物栽種，不過它也可以匍地栽培。不需支柱等資材且抗強風，在可用空間充足時是種非常推荐的整枝方式。

它的雌花大多開在子蔓上，需及早為母蔓摘芯，培育出2～3條子蔓。可根據栽培空間大小調整子蔓數量。

苦瓜葉片的水份蒸散量很高，水份不足時葉子很容易乾枯。當氣候持續乾燥時請充分澆水。

只要定期追肥維持生長勢，到氣溫轉涼的10月為止均能持續採收。

苦瓜容易長出顏色與葉片相同的小果，開始採收後需要仔細尋找，將它們通通採下。

基本栽培技巧

- 母蔓長到第6～9節時摘芯
- 培育2～3條子蔓，其餘摘除
- 在植株下方鋪地膜或乾稻草，並增加藤蔓覆蓋面積
- 在長到各品種應有的大小時即可採收

根據栽培方式調整株距

苦瓜能耐受一定程度的密植，架立支柱張掛網子進行立體整枝時，株距30 cm就很充足了。若採用匍地栽培，則需要充足的株距。

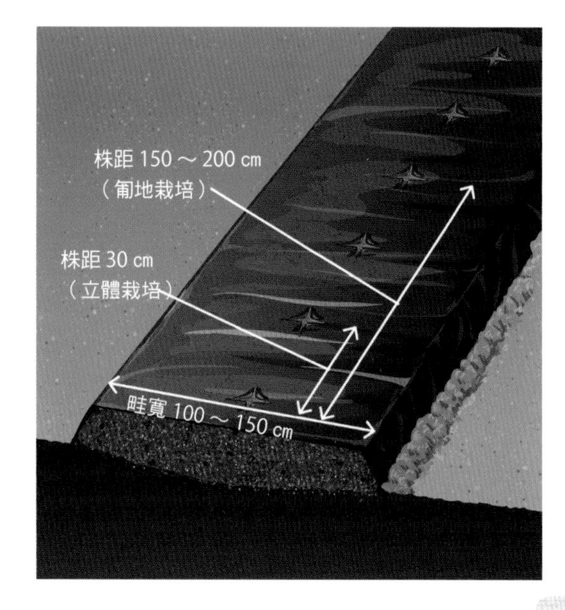

「馬鞍形」畦面可增進保濕效果

可在畦面中央，為每一植株作出「馬鞍形」畦面。畦面中央略為下凹，在下小雨時也能得到良好的集水效果。

栽培資訊

畦面（匍地整枝／單行種植）
畦寬：100～150 cm
株距：150～200 cm
所需資材（匍地整枝）
地膜、稻草
種植時期
（平地）5月上旬～6月上旬
（高冷地）5月下旬～6月下旬
（溫暖地）4月下旬～5月下旬

基本整枝方式

2 ～ 3 條子蔓整枝法

STEP 1 母蔓長到第 6 ～ 9 節時摘芯，整枝出 2 ～ 3 條子蔓

當母蔓長到第 6 ～ 9 節時摘芯，促進子蔓生長。當子蔓延伸後，挑選 2 ～ 3 條生長勢較佳的子蔓培育，其餘從基部摘除。

STEP 2 拓展藤蔓生長空間

藤蔓伸長後，請幫它們均等分配生長區域。雖然擺著讓藤蔓自然生長也沒關係，但交纏的太誇張時還是需要摘除孫蔓及枯萎的下葉，以維持通風和日照良好。可在地膜下方敷蓋稻草以防止高溫傷害藤蔓和葉片。

STEP 3 人工授粉

成長過程前半的雌花，會在雨天或低溫等惡劣條件下開放，因此可在雌花開放的早晨進行人工授粉。隨著氣溫升高，訪花昆蟲出現協助受粉後，即可自然結出果實。

STEP 4 追肥、澆水

開始採收後，每隔 2 ～ 3 週追肥一次。在距離植株根部約 30 cm的位置以支柱等道具戳洞放入肥料。氣候乾燥會影響果實肥大速度，降雨量較低時請適當澆水。

STEP 5 採收

開花後 20 ～ 25 天，長到各品種應有的大小時即可採收。過晚採收會使果皮變黃，果肉也會因過軟而不便食用。

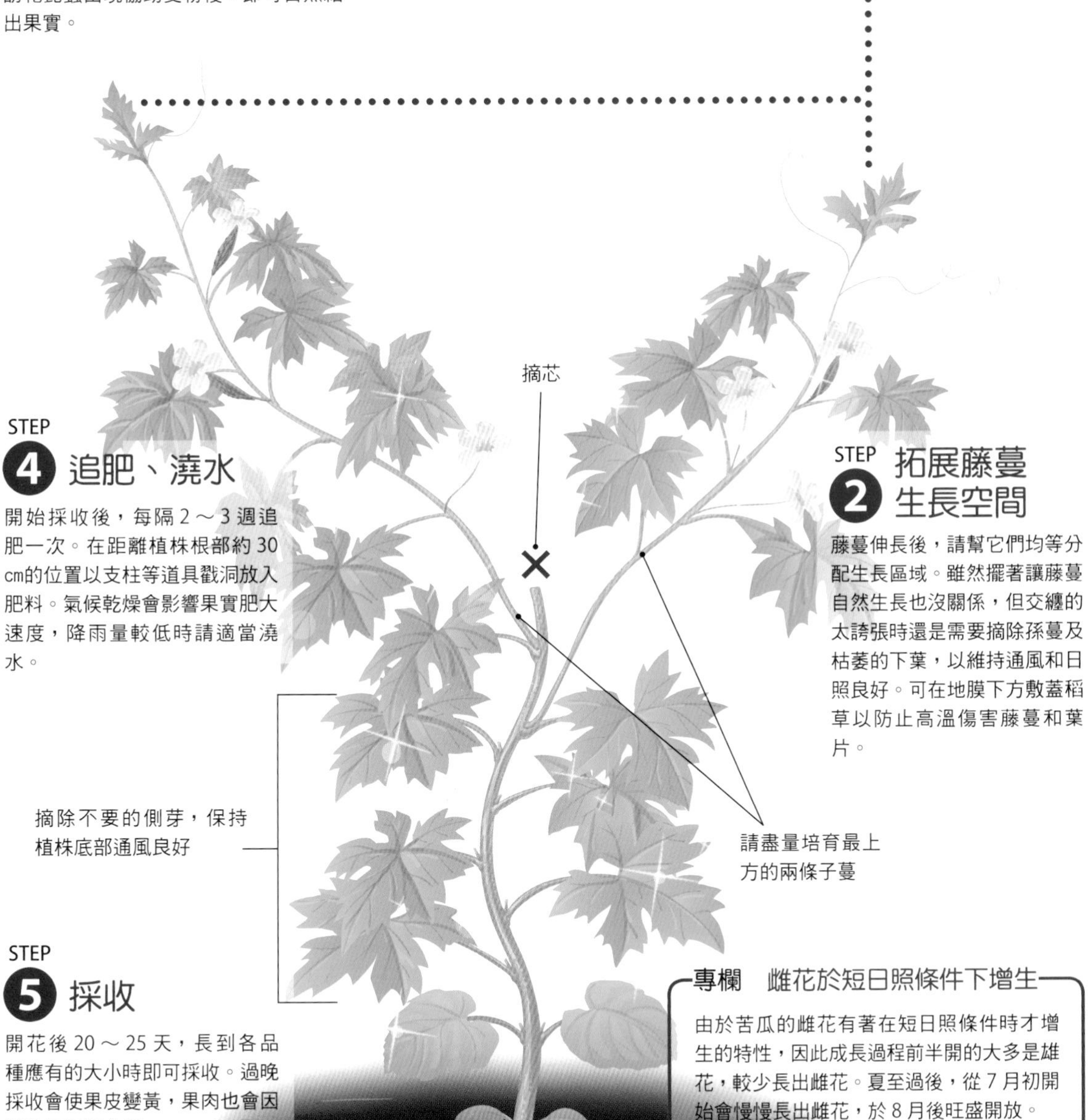

專欄　雌花於短日照條件下增生

由於苦瓜的雌花有著在短日照條件時才增生的特性，因此成長過程前半開的大多是雄花，較少長出雌花。夏至過後，從 7 月初開始會慢慢長出雌花，於 8 月後旺盛開放。

拱型支架立體栽培法

有這些好處！

→進行立體栽培，日照、通風良好
→與匍地栽培相比，可利用較狹窄的面積精簡栽培
→圓拱擁有高度負重能力，可牢固支撐苦瓜藤蔓
→可在確認子蔓長出後再將母蔓摘芯，
　不會出現培育失敗的情況

栽培資訊

畦面
畦寬：100 cm
株　距：100 ～ 130 cm
所需資材
支柱、拱型支架、爬藤網、地膜、誘引繩

此一立體栽培方式，適合直到秋天都還能產出果實的苦瓜使用。雖然也可以交叉架設支柱栽培，但是拱型支架更為堅固抗風，在颱風的季節裡也能安心培育。當颱風來臨時覆蓋上防蟲網之類的遮蓋物，更能提升防颱效果。

無論是整枝出母蔓加兩條子蔓的三蔓整枝，或是對母蔓摘芯，培養2～3條子蔓的基本整枝法都很適用此種方式。

運用基本整枝法時，請在子蔓長度15～20 cm之後再將母蔓摘芯。確認子蔓長出後才將母蔓摘芯，容易挑選出生長勢最佳的子蔓。

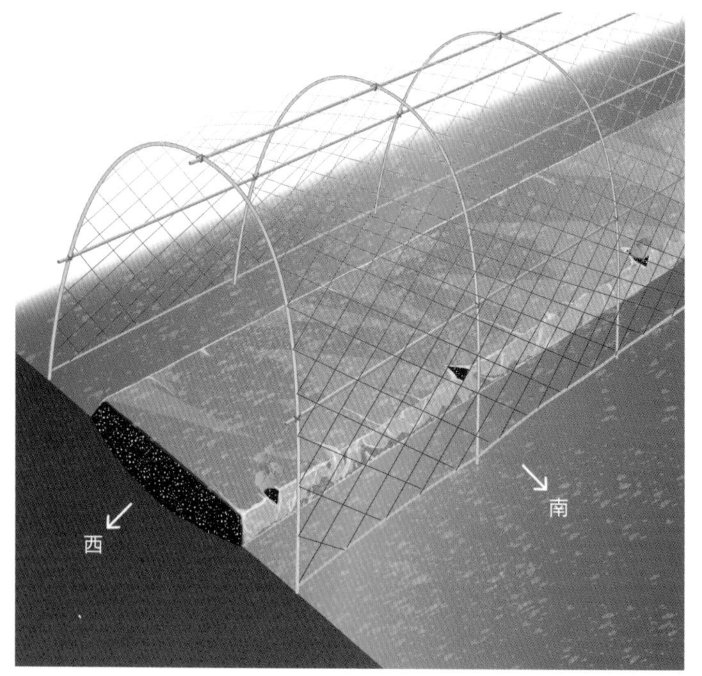

以東西方向作畦，將幼苗定植於南端

STEP 1 架設拱型支架後張掛網子

當藤蔓開始生長後架設拱型支架。在圓頂和牆壁兩側增設支柱連接棚架，以增強結構。張掛爬藤網。使用生物分解性爬藤網，可便於日後整理。

STEP 2 定植時盡量靠近畦面南端

考慮日照因素，應以東西方向作畦。為方便將藤蔓誘引到拱型支架上，需將植株定植於畦面邊緣。

STEP 4 拉開藤蔓進行誘引

為了使藤蔓平均擴散，一開始就需要將它們誘引至網子上。它們會自然攀附上去，後續就不需再誘引了。之後可放任藤蔓自然生長。

STEP 5 將果實往圓拱內側垂落

當果實開始成長肥大，誘引它們往棚架內側垂落，可預防果實曬傷也容易分辨採收時間。

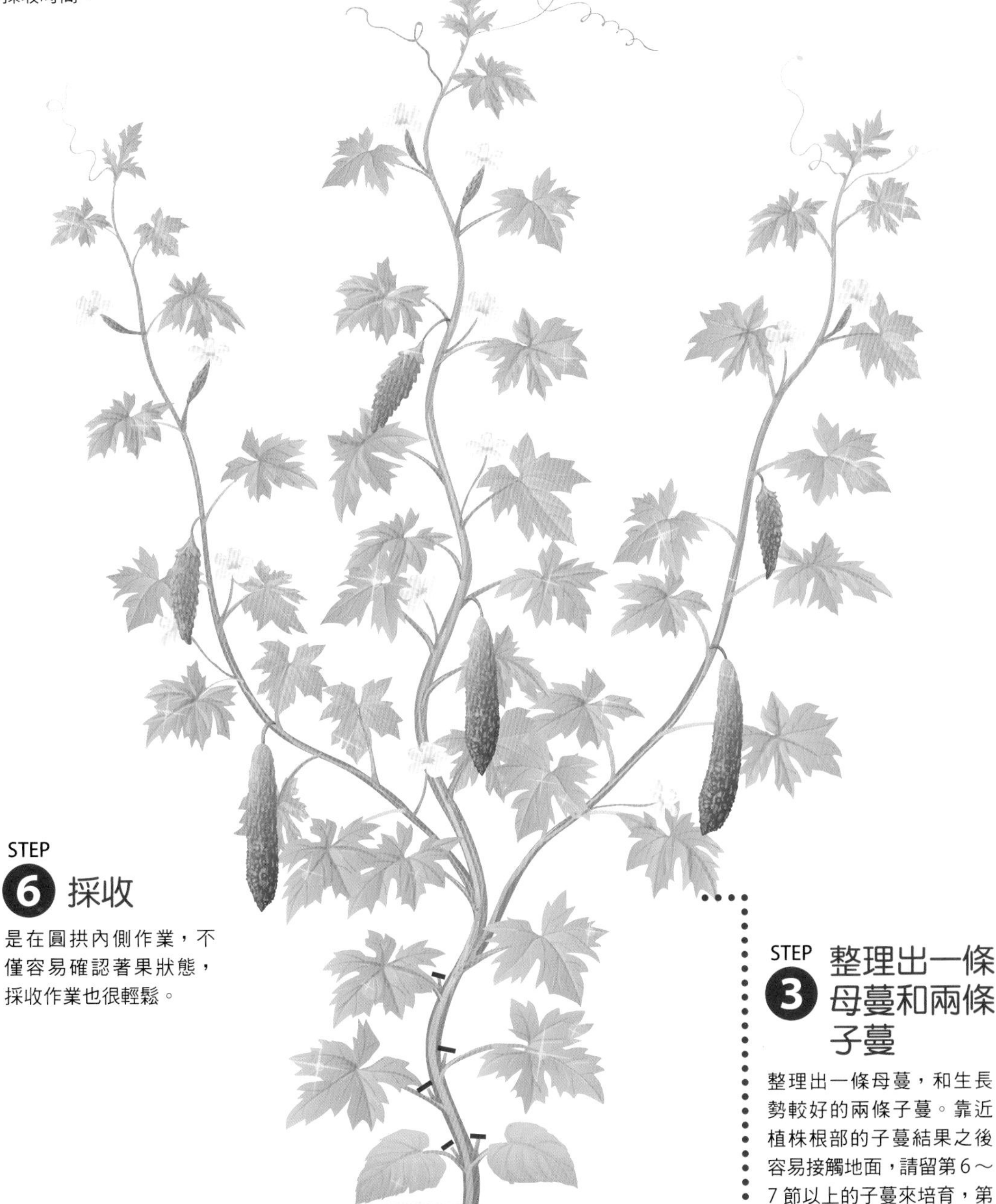

STEP 6 採收

是在圓拱內側作業，不僅容易確認著果狀態，採收作業也很輕鬆。

STEP 3 整理出一條母蔓和兩條子蔓

整理出一條母蔓，和生長勢較好的兩條子蔓。靠近植株根部的子蔓結果之後容易接觸地面，請留第 6～7 節以上的子蔓來培育，第 5 節為止的側芽需全部摘除。

※ 雖然圖示中植株莖葉向上展開，但實際上沿著棚架形狀長成圓拱形。

西瓜

與母蔓相比，西瓜的雌花更容易在子蔓低節位開花，因此適合施行將母蔓摘芯，培育子蔓的整枝方式。讓整枝出的3～4條子蔓，在葉片不交疊的前提下往相同方向生長，或是往四周擴散，讓所有葉片都能充足曬到陽光。

種植西瓜時的重點為進行人工授粉。由於花粉很容易受到氣溫和濕度等條件影響，就算受粉了也有可能不著果，因此需對每5～6節綻開的雌花一朵不漏地實施人工授粉。雖然能使各蔓第2～3朵開放的雌花著果是最理想的，但以防萬一還是需對第一朵雌花實施人工授粉。

採收目標為每棵三個西瓜。進行三蔓整枝時各蔓各一個，而四蔓整枝時將生長勢較差的子蔓疏果，仍維持三個。亦需摘除自然受粉著果的西瓜。

基本栽培技巧

- 長出6～7片本葉時摘芯
- 培育3～4條子蔓，其餘摘除
- 當雌花綻開後，於清晨實施人工授粉
- 採收目標為每棵三個西瓜，其餘摘除

栽培資訊

畦面（單行種植）

畦寬：200 cm　株距：200 cm

＊株種植單株時，作馬鞍形（圓形畦面）並定植於中心

所需資材

地膜、稻草

種植時期

（平地）5月中旬～6月上旬

（高冷地）6月上旬～6月中旬

（溫暖地）5月上旬～5月下旬

STEP 1 長出6～7片本葉時摘芯

長出6～7片本葉時，將母蔓摘芯以促進子蔓生長。

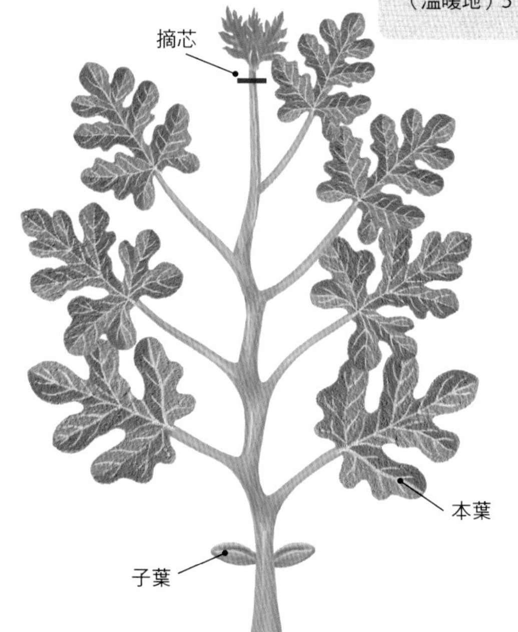

STEP 2 整枝出3～4條子蔓

當子蔓長到30 cm長之後，選出3～4條生長勢較好的子蔓，往相同方向或四周均等分散。從基部摘除其餘子蔓。

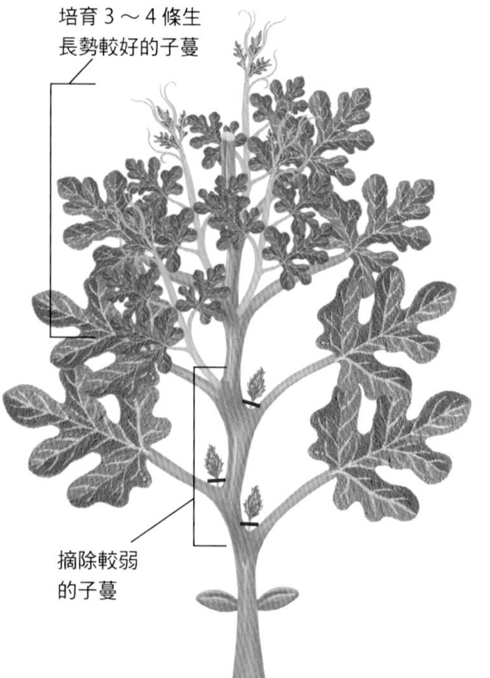

基本整枝方式

3 ～ 4 條子蔓整枝法

STEP 5 當果實長到雞蛋大小時追肥

當成長最快的果實長到雞蛋大小時，在蔓尖附近追肥。若在生長初期施肥過量，則會只長莖葉而影響到著果和果實肥大，需要特別注意。

STEP 4 實施人工授粉以著果，目標為第 2 ～ 3 朵雌花

當雌花綻開後，於清晨實施人工授粉。由於各蔓最早綻開的第一朵雌花容易長出果皮厚實的空心果，大多不予著果放置不管。但為以防萬一還是需對第一朵雌花實施人工授粉。確認第 2 ～ 3 朵雌花成功著果之後再將它摘除就可以了。

貼上記載了授粉日的標籤，可做為採收時的參考。

STEP 6 疏果至各蔓只留一顆果實

採收目標為每棵三個西瓜。在果實長到網球大小後，將形狀不好、已受損等狀況的果實摘除。細長型的幼果長大後會變成大大的圓形，需優先保留。

第三朵雌花

第二朵雌花

＊花蒂膨起的即為雌花

將母蔓摘芯，促進子蔓產生

第一朵雌花

STEP 3 將著果節之前的孫蔓全數摘除

將著果節之前的孫蔓全數摘除。著果後可放任不管，只需適當修剪交纏處莖葉即可。

STEP 7 採收

大果西瓜於授粉後 40 ～ 45 天，小果西瓜授粉後 35 ～ 40 天為適當的採收時間。

雖然一般以果實另一側的捲鬚枯萎，敲擊果實發出鈍重聲響，或果皮泛光等特徵做為已可採收的標準，但實際上仍不太容易區分。

由於藤蔓和葉片沾上泥土容易發生病害，當藤蔓開始生長後可在植株下方鋪上稻草保護它們。

密技1 小果西瓜立體整枝法

有這些好處！

→藤蔓立體生長，可於狹窄空間中種植
→不僅可維持良好日照和通風，
　且因不易沾到飛濺的雨水，更不易罹患病害
→不會踩壞藤蔓和葉片，可站著進行作業
→容易確認有無著果

西瓜跟南瓜一樣，可架設支柱進行立體整枝。

立體栽培，是一種適用於果實較輕的小果西瓜的栽培法。將母蔓摘芯，培育子蔓等整枝步驟均與基本方式相同。由於結果之後頗有重量，因此需要架設堅固的支柱，讓藤蔓爬滿瓜網，可使整棵植株全都曬得到太陽，也能保持良好的通風。

由於小果西瓜的結果性很好，可將每一條子藤1～2顆西瓜，植株整體共4～6顆西瓜做為採收目標。

栽培資訊

畦面（單行種植）
畦寬：80 cm
株距：60 cm
所需資材
支柱（交叉架設長約210～240 cm的支柱）
爬藤網、地膜、固定帶、乾稻草、誘引繩

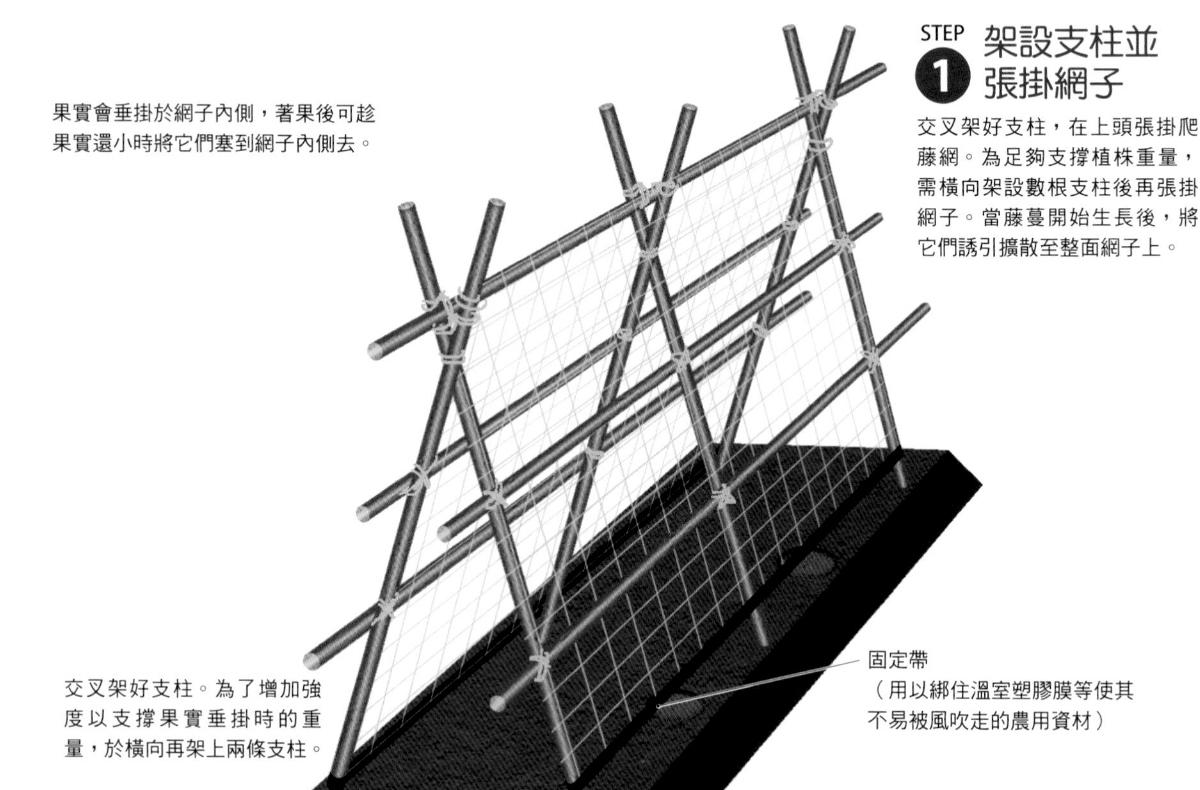

果實會垂掛於網子內側，著果後可趁果實還小時將它們塞到網子內側去。

交叉架好支柱。為了增加強度以支撐果實垂掛時的重量，於橫向再架上兩條支柱。

固定帶
（用以綁住溫室塑膠膜等使其不易被風吹走的農用資材）

STEP 1 架設支柱並張掛網子

交叉架好支柱，在上頭張掛爬藤網。為足夠支撐植株重量，需橫向架設數根支柱後再張掛網子。當藤蔓開始生長後，將它們誘引擴散至整面網子上。

STEP 4 實施人工授粉以著果，將垂掛的果實放入網袋

為各蔓的第 1 ～ 3 朵雌花施以人工授粉。由於第一朵雌花不易長出高品質的果實，於第 2 ～ 3 朵雌花著果後盡早將它摘除。找個地方貼上記載了授粉日的標籤，日後比較方便。由於西瓜藤很細，當果實開始肥大後需要將它們放入蔬果網袋之類的保護袋後再掛在支柱上，以避免藤蔓因不堪負荷而折斷。網袋也能用來預防鳥害。

STEP 3 管理孫蔓，將子蔓垂掛到支柱另一側

摘除著果節之前的所有孫蔓。著果後長出的孫蔓可放任不管。當子蔓長度超過支柱高度時，將其垂掛到支柱另一側去。

STEP 5 疏果與摘芯

以每一條子藤 1 ～ 2 顆西瓜，植株整體共 4 ～ 6 顆西瓜做為採收目標。結出太多果實時，摘除形狀較差及太小的果實。

STEP 6 夏季管理

在梅雨季結束前，在植株根部附近敷蓋稻草以防止乾燥。

STEP 7 採收

到達各品種成熟日數後即予採收。

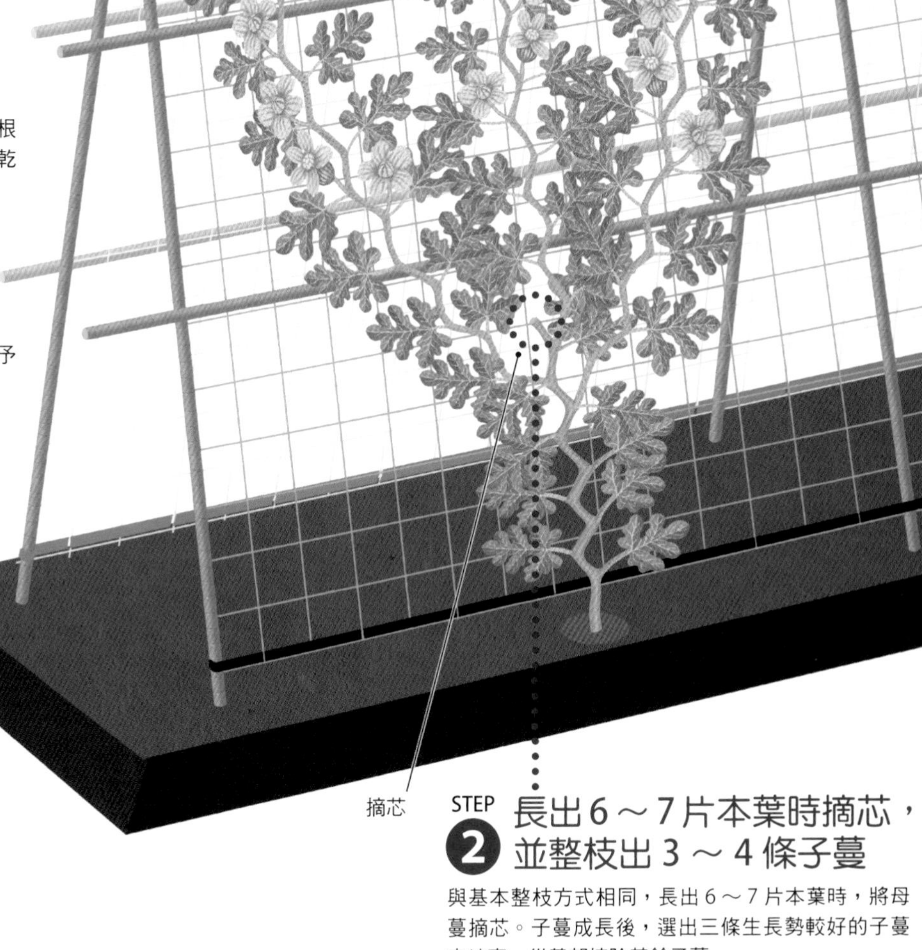

STEP 2 長出 6 ～ 7 片本葉時摘芯，並整枝出 3 ～ 4 條子蔓

與基本整枝方式相同，長出 6 ～ 7 片本葉時，將母蔓摘芯。子蔓成長後，選出三條生長勢較好的子蔓來培育，從基部摘除其餘子蔓。

盤蔓＆強剪整枝法

有這些好處！

→種植所需空間只需一般方式的一半
→將藤蔓生長方向和蔓尖對齊後，可對齊開花位置，便於進行人工授粉等作業
→於第一次採收後對藤蔓強剪，可再一次採收高品質的果實

栽培資訊

畦面（四條子蔓）
畦寬：80 cm　株距：80 cm
所需資材
地膜、乾稻草

這是一種整理西瓜旺盛生長的藤蔓以節省栽培所需空間，並在採收後將藤蔓強剪（剪短），可再一次採收為特徵的整枝方式。

將整枝出的四條子蔓，以植株為中心像畫圓一樣進行配置。

對齊四條子蔓的蔓尖後，著果節的位置也會跟著被對齊，能夠便利地進行人工授粉等管理。

在完成第一次採收後對藤蔓強剪，不需增加栽培空間也能再一次採收到高品質的果實。

藤蔓生長空間為 120 cm
畦寬 80 cm
母蔓
摘芯
第一朵雌花
第二朵雌花
第三朵雌花
於蔓尖附近追肥

STEP 1 主蔓摘芯後，整枝出四條子蔓

與基本整枝方式相同，長出 6～7 片本葉時，將母蔓摘芯。當子蔓長到 30 cm長之後，整枝出四條生長勢較好的子蔓，將蔓尖往相同方向排列。

STEP 2 盤蔓①

當子蔓長到約 1 公尺長後，收回四條子蔓，以類似畫半圓形的排法盤繞藤蔓，並對齊蔓尖。

STEP 3 盤蔓②

在預定使其著果的第三朵雌花花苞長到紅豆大小之前，以植株根部為中心將藤蔓配置成「の」字狀。著果後不再盤蔓以避免損傷幼果。

STEP 4 管理孫蔓、人工授粉及敷蓋稻草

摘除著果節之前的所有孫蔓。對各蔓的第 3～4 朵雌花進行人工授粉，著果後即可放任孫蔓生長。以果實周圍為中心，在植株底下敷蓋稻草。

STEP 5 疏果、追肥及第一次採收

當第一顆果實長到雞蛋大小時，在蔓尖附近追肥。而在果實長到網球大小時，疏果至大果西瓜每一植株留兩顆，小果西瓜則留三顆。到達各品種的成熟時間後即可採收。

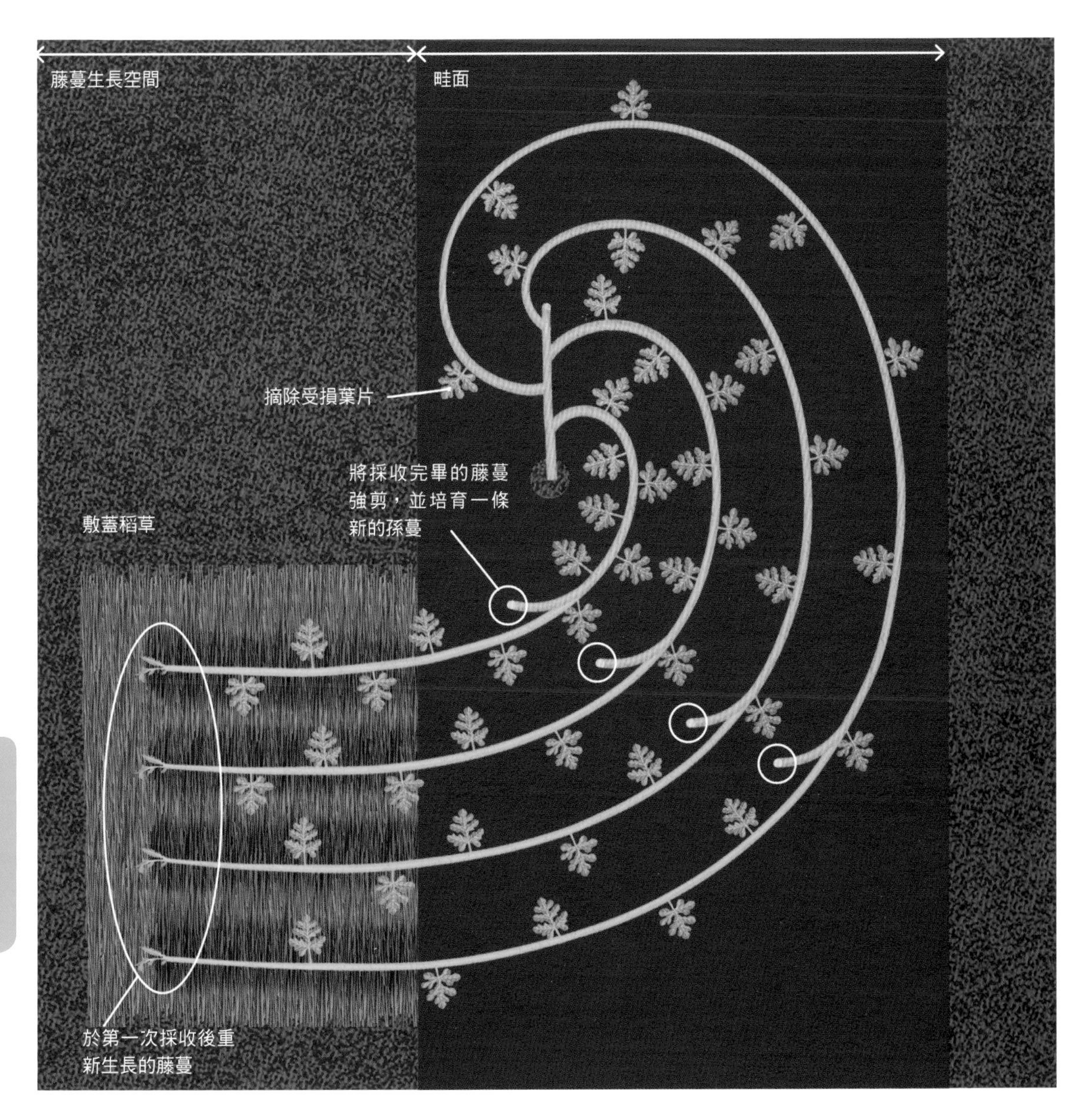

STEP

6 強剪、追肥

第一次採收後對四條子蔓強剪，只留下從植株根部算起約 50 ㎝左右的長度。在藤蔓生長空間上追肥。離根部較近的葉子若有損傷，將它摘除以整理空間。

STEP

7 盤蔓③

從重新長出來的孫蔓中，挑選生長勢較佳的幾條並整枝出四條藤蔓。在預定使其著果的第 1 ～ 2 朵雌花（大約位於第 5 ～ 12 節）開花前，再一次收回藤蔓，並配置成「の」字狀。

STEP
8 人工授粉、疏果及第二次採收

孫蔓的第 1 ～ 2 朵雌花開花後進行人工授粉使其著果。之後與第一次採收前相同，依序進行敷蓋稻草、追肥、疏果、採收等步驟。

專欄　觀察蔓尖以確認生長狀況

觀察蔓尖就能夠得知生長勢。蔓尖輕微上翹時表示生長良好。而藤蔓粗大，蔓尖如鐮刀般上挺時則代表氮肥過多。當藤蔓細小匍地於地面時則代表肥料不足，請立即追肥。

香瓜

較容易於家庭菜園中種植的香瓜品種，是與東方甜瓜交配育種產生的露地洋香瓜。在此介紹擁有高人氣，果實表面佈滿網狀花紋的洋香瓜的整枝方式。

香瓜喜歡高溫乾燥環境，因此需覆蓋地膜以提高畦面土溫，之後再將幼苗定植。在隧道棚架上張掛開好換氣孔的農膜，以維持初期生長良好。

整枝基本方式以香瓜的著果習性為中心而進行。由於雌花長在子蔓及孫蔓的第一節上，因此需將主蔓摘芯以促進子蔓生長。將著果節前的孫蔓全數摘除，著果後也需適當管理子蔓及孫蔓生長。此外，培育「自由蔓」可確保生長點，促使根系發育旺盛，可維持生長勢至採收完畢為止。

基本栽培技巧

- 定植前覆蓋地膜，以隧道棚架保溫
- 長出4～5片本葉時摘芯，整枝出兩條子蔓
- 為開在第11～15節的雌花進行人工授粉
- 當果實長到雞蛋大小時，疏果至每蔓只留兩顆果實

STEP
1 利用隧道棚架保溫

定植後，將農膜張掛在隧道棚架上保溫。

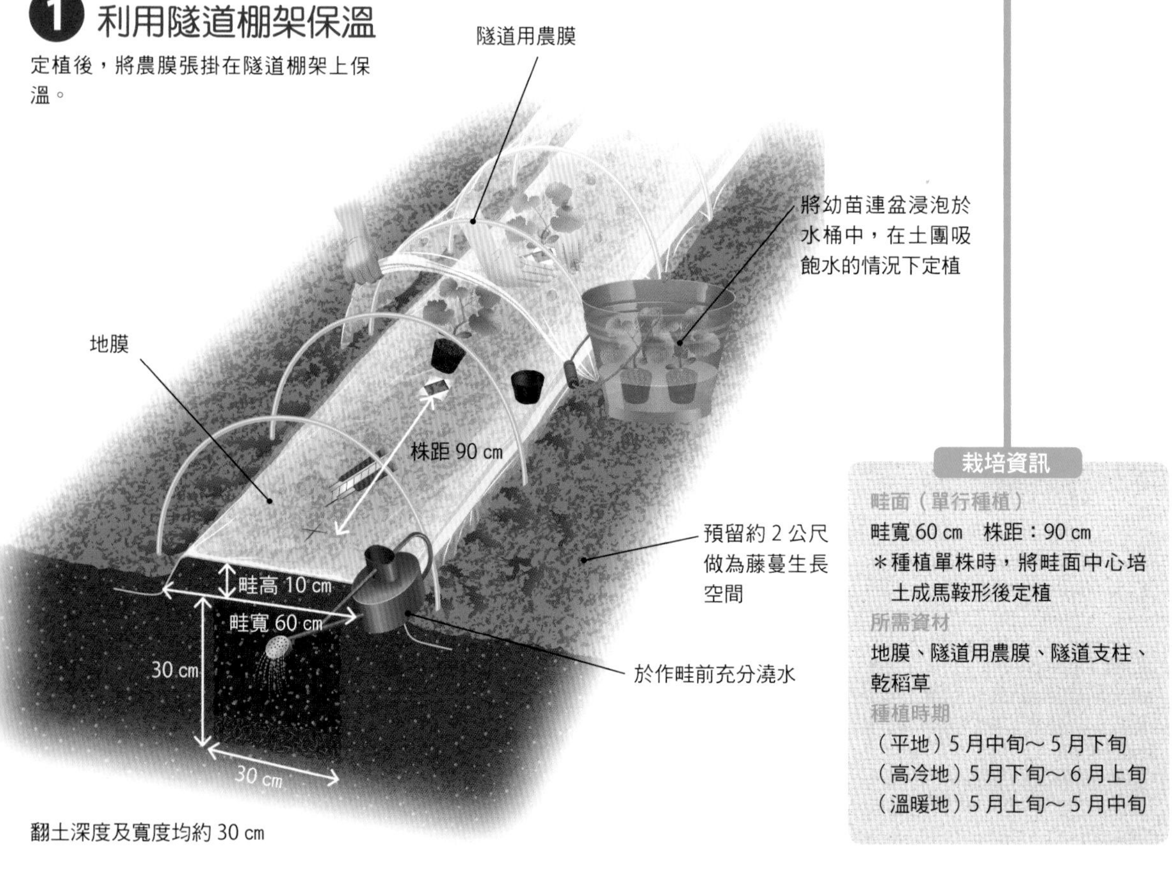

翻土深度及寬度均約 30 cm

栽培資訊

畦面（單行種植）
畦寬 60 cm　株距：90 cm
＊種植單株時，將畦面中心培土成馬鞍形後定植

所需資材
地膜、隧道用農膜、隧道支柱、乾稻草

種植時期
（平地）5 月中旬～ 5 月下旬
（高冷地）5 月下旬～ 6 月上旬
（溫暖地）5 月上旬～ 5 月中旬

基本整枝方式 雙子蔓整枝法

STEP 2 長出 4 ～ 5 片本葉時摘芯

長出 4 ～ 5 片本葉時將母蔓摘芯，並培育子蔓。

STEP 3 整枝出兩條子蔓

留取生長勢最好的兩條子蔓進行培育，並摘除其他子蔓。摘除著果節前所有孫蔓，以促進雌花發育。

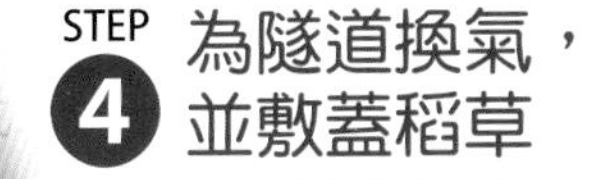

當隧道內長滿藤蔓時，掀開隧道側邊農膜，幫隧道換氣。由於網瓜需避免沾到雨水，需保持農膜覆蓋完整。同時在植株下方敷蓋稻草。

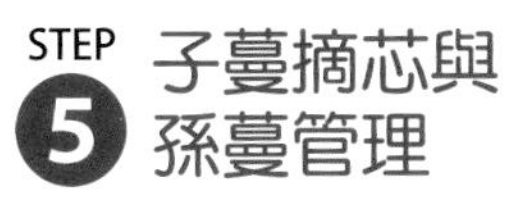

交配時將使用開在各蔓第 11 ～ 15 節的雌花，另需對各蔓狀況進行管理。在交配的 2 ～ 3 天前，將子蔓的蔓尖於第 25 節前後摘芯，並摘除著果節位下方的所有孫蔓。保留三條從子蔓的蔓尖長出來的孫蔓，做為維持生長勢用的自由蔓，將其餘孫蔓由基部全部摘除。

自由蔓

STEP 6 人工授粉

為開在各蔓第 11 ～ 15 節的雌花連續進行人工授粉，使其著果。在雌花附近標上記載了授粉日期的標籤。在開花前將著果節位的孫蔓於第二節摘芯。

STEP 7 疏果及追肥

當第一顆果實長到乒乓球大小時，疏果至各蔓留兩顆，每株留四顆，並在植株周圍或畦肩追肥。要保留的是稍微圓潤的橢圓形果實。球形果實可能不易長大或空心，需疏果摘除掉。

STEP 8 採收

從交配日開始計算，依各品種的成熟日期為標準進行採收。由於剛採收時果肉還很硬，需在常溫下擺放數天追熟，等底部變軟後就可以食用了。

專欄　東方甜瓜的整枝方式

跟香瓜比較起來，東方甜瓜更能抵抗病害，也不需隧道遮蓋，很容易種植。在長出 5 ～ 6 片本葉時摘芯，培育三條子蔓。將著果節前的孫蔓全部摘除，於第 15 ～ 20 節時將子蔓摘芯。著果後子蔓留兩片葉子並摘芯。當果實長到乒乓球大小時，疏果至各蔓留 2 ～ 3 果。

立體遮雨整枝法

有這些好處！

→利用遮雨棚栽培可避免雨水噴濺，預防病害發生

→將藤蔓誘引至支柱上，可利用狹窄空間栽培

→容易區分母蔓及子蔓，也容易計算葉數。
進行整枝作業時比較輕鬆

由於香瓜不耐雨淋，容易染上病害，是適合家庭菜園老手挑戰種植的水果種類。想要嘗試挑戰的話，架設遮雨棚栽培是最為合適的。

基本上需整枝出單一主蔓，架設支柱將藤蔓誘引上去。使第11～15節長出的子蔓上開出的雌花連續著果，疏果後留下較佳的果實。

此種栽培法適合於種植較為抗病的網室香瓜等露地香瓜品種時使用。

栽培資訊

畦面（雙行種植）
畦寬：60～70 cm
株距：60 cm
兩行間距：45 cm
所需資材
支柱（長約210 cm）
遮雨棚（管材、遮雨農膜、固定夾等）、地膜、誘引繩

STEP 1 將幼苗定植於遮雨棚下方

覆蓋地膜，架設支柱後定植幼苗。由於株距比匍地栽培短，可種植較多植株。

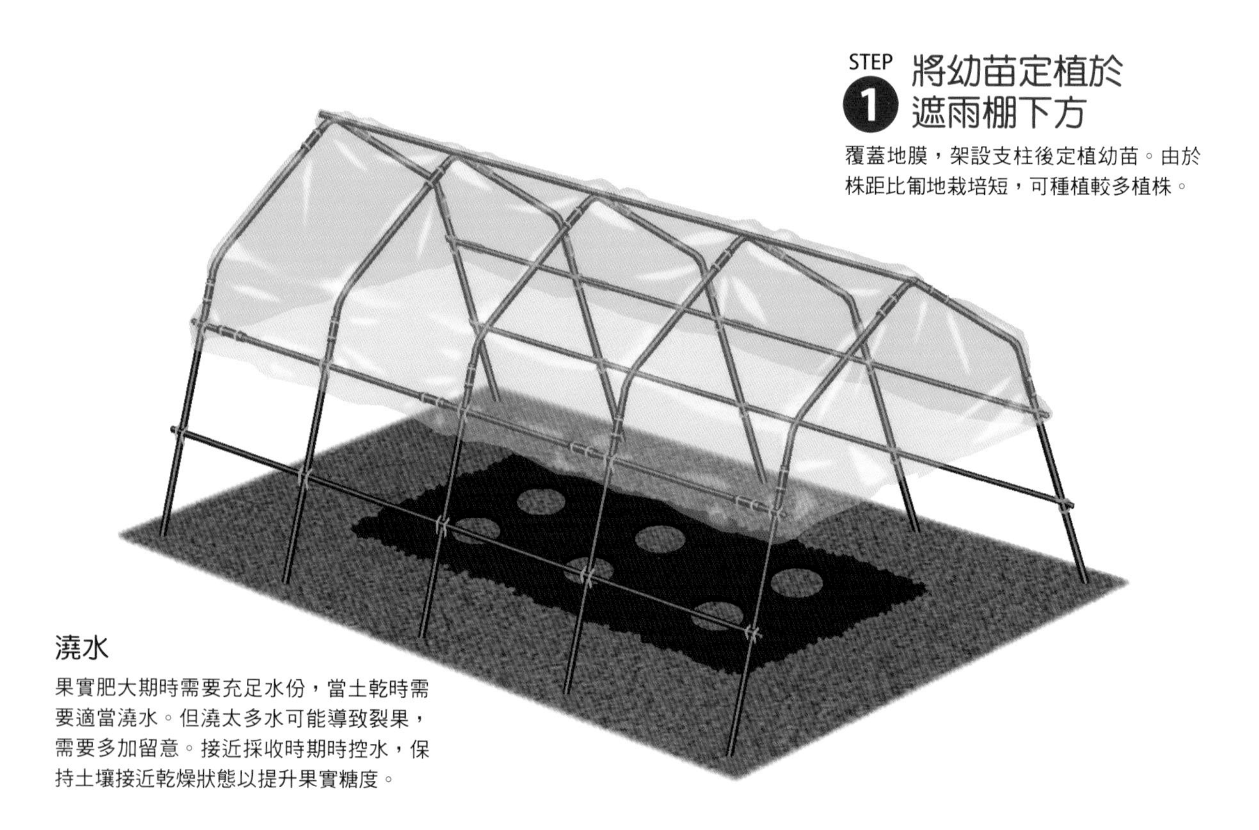

澆水

果實肥大期時需要充足水份，當土乾時需要適當澆水。但澆太多水可能導致裂果，需要多加留意。接近採收時期時控水，保持土壤接近乾燥狀態以提升果實糖度。

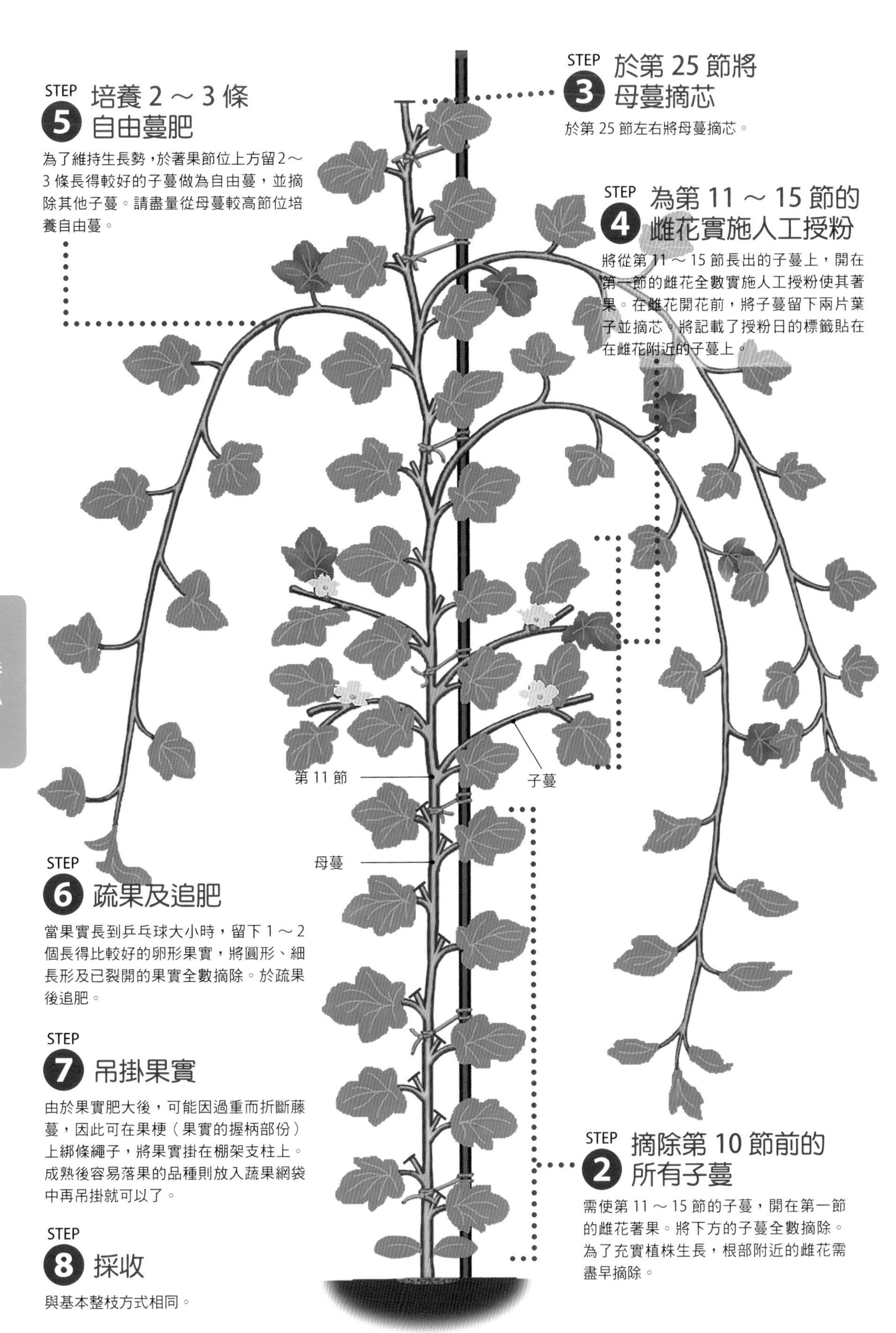
STEP
3
於第 25 節將
母蔓摘芯
於第 25 節左右將母蔓摘芯。
STEP
5
培養 2 ～ 3 條
自由蔓肥
為了維持生長勢，於著果節位上方留2～3 條長得較好的子蔓做為自由蔓，並摘除其他子蔓。請盡量從母蔓較高節位培養自由蔓。
STEP
4
為第 11 ～ 15 節的
雌花實施人工授粉
將從第 11 ～ 15 節長出的子蔓上，開在第一節的雌花全數實施人工授粉使其著果。在雌花開花前，將子蔓留下兩片葉子並摘芯。將記載了授粉日的標籤貼在在雌花附近的子蔓上。
第 11 節
子蔓
母蔓
STEP
6
疏果及追肥
當果實長到乒乓球大小時，留下 1 ～ 2 個長得比較好的卵形果實，將圓形、細長形及已裂開的果實全數摘除。於疏果後追肥。
STEP
7
吊掛果實
由於果實肥大後，可能因過重而折斷藤蔓，因此可在果梗（果實的握柄部份）上綁條繩子，將果實掛在棚架支柱上。成熟後容易落果的品種則放入蔬果網袋中再吊掛就可以了。
STEP
8
採收
與基本整枝方式相同。
STEP
2
摘除第 10 節前的
所有子蔓
需使第 11 ～ 15 節的子蔓，開在第一節的雌花著果。將下方的子蔓全數摘除。為了充實植株生長，根部附近的雌花需盡早摘除。

草莓

雖然草莓的栽培期程很長，但實際上不太費功夫。栽培重點只在定植時，以及初春預備開花時的準備工作。植株於冬季休眠，不會有太大變化。

定植時需牢記兩個關鍵字：走莖和短縮莖。買來的草莓幼苗根部，會長出被稱為走莖的短莖。植株會從走莖的相對側開花，於雙行種植時將走莖轉向內側再定植，就能於外側結實而方便採收。此外，由於靠近根部被稱為短縮莖的部份上頭有生長點，定植時淺植即可，需注意不可將短縮莖埋入土中。

在2月下旬，植株中心開始長出新的葉片時，需覆蓋地膜提高土溫。開始結果時，敷蓋稻草保護果實。

基本栽培技巧

- 定植時將走莖切斷處轉向內側，短縮莖不可覆土
- 於初春時追肥，覆蓋地膜
- 於植株根部敷蓋稻草以防止果實受損
- 採收完畢前需摘除從根部長出的走莖

良好幼苗

帶有5～6片本葉，短縮莖粗大緊實。

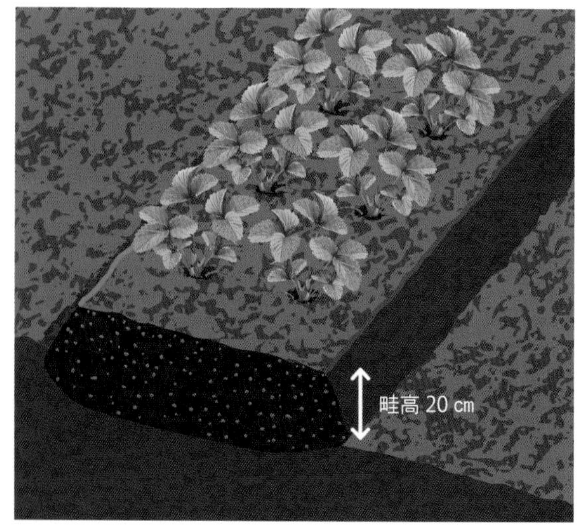

STEP 1 將走莖切斷處轉向內側後淺植幼苗

採雙行種植時，將走莖切斷處轉向內側，以看得清楚短縮莖為基準淺植幼苗。

STEP 2 冬季管理

植株於冬季休眠，為預防病蟲害發生需摘除枯葉，而畦面只需除草即可，不太需要進行什麼作業。但草莓怕乾燥，土乾時請適當澆水。

栽培資訊

畦面（雙行種植）
畦寬：70 cm　株距：30 cm
兩行間距：30 cm
所需資材
地膜、乾稻草
種植時期
（平地）10月中旬～11月上旬
（高冷地）9月中旬～10月上旬
（溫暖地）10月下旬～11月中旬

基本整枝方式

高畦栽培

開始結實後，為了保持果實清潔可在畦面兩側敷蓋稻草

STEP

3 於初春時追肥

初春植株甦醒後，於覆蓋地膜前在植株周圍追肥並中耕，重新作畦。

STEP

4 覆蓋地膜

在畦面上覆蓋地膜，在苗株位置上方用小刀開洞，透過地膜將苗株拉出外面。適合的地膜種類有可預防雜草的黑色地膜、防蚜蟲的黑色帶銀線地膜及銀色地膜等。

STEP

5 實施人工授粉

於氣溫尚低缺乏訪花昆蟲時，開花後用柔軟的筆刷等道具輕拂過花朵中心，實施人工授粉。

STEP

6 架設支柱，張掛繩索

在畦面周圍每隔 1 公尺左右架設短支柱，於 30 cm高的地方張掛繩索圍住植株。

STEP

7 將果房掛在繩索上

拉出果房，將它垂掛懸吊在繩索上。需注意果房頂端不可碰到地面。

STEP

8 摘除走莖

走莖開始生長時，為了使養份輸送至果實，需將其由基部摘除。當果實轉紅後即可採收。

密技1 吊床整枝法

有這些好處！

→果實躺在寒冷紗上，
可採收不受損傷，美觀漂亮的果實
→由於果實位置較高，不僅便於採收，也不容易漏摘
→可利用容易取得的農業資材製作吊床，且可重覆利用

架設吊床，是最適合用來對容易因接觸地面，或是受到蛞蝓侵害而受損的草莓果實進行的防護方式。

這個點子是在花房底下架設寒冷紗，接住果實以克服草莓果實柔軟容易受傷的難題。

此一方式的重點在於寒冷紗架設高度需略為高出畦面。寒冷紗下方通風良好，植株生長也會隨之健壯。既可減輕蛞蝓等生物危害，也不會有曬傷和擦傷，可長出美觀漂亮的果實。

春天開花前的管理方式均與基本整枝方式相同。

栽培資訊

畦面（雙行種植）
畦寬：70 ㎝　株距：30 ㎝
兩行間距：30 ㎝
所需資材
地膜、寒冷紗、支柱、地膜固定釘、夾子

STEP 1 於春天追肥並覆蓋地膜

當植株於初春從休眠中甦醒時，在植株周圍追肥，覆蓋地膜後，再將植株從切口拉出來。

STEP 2 在寒冷紗上開洞並拉出植株

把寒冷紗覆蓋在畦面上，在植株正上方處的寒冷紗開洞並拉出植株。

STEP

4 以地膜固定釘固定支柱

為了將支柱固定於離地約 10 ～ 15 ㎝高的地方，需將支柱夾在地膜固定釘的頭部與擋板間，撐開固定釘針腳並插入土中。

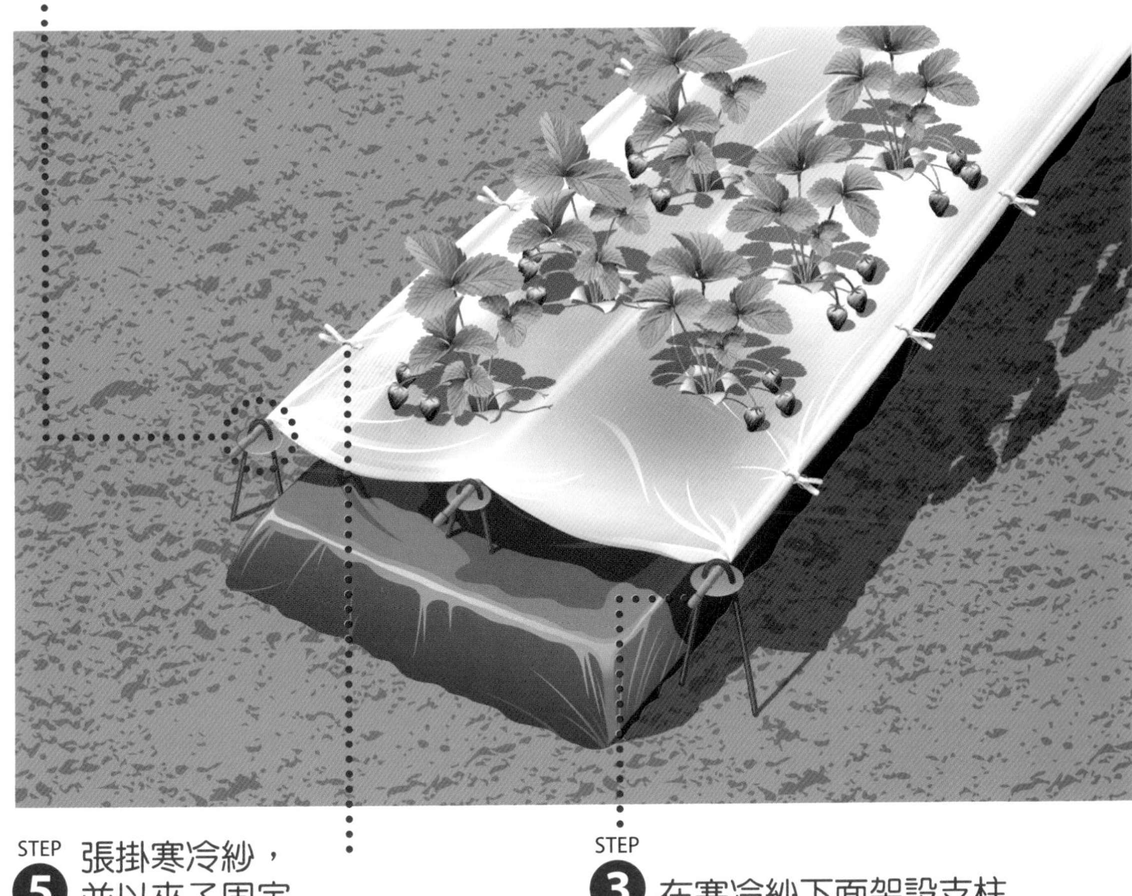

STEP

5 張掛寒冷紗，並以夾子固定

用夾子把寒冷紗兩邊固定在支柱上。等果實轉變成紅色就可以採收了。

STEP

3 在寒冷紗下面架設支柱

取三根與畦面相同長度的支柱，分別穿過畦面中央及兩側。

專欄　採用栽培網＋高畦栽培草莓

草莓

袋裝栽培整枝法

有這些好處！

→採用立體栽培方式，每一袋可種植三棵植株，栽培所需空間只有原來的 1/3
→可更動袋子方向及擺放地點
→不需另行覆蓋地膜或稻草
→果實不會接觸地面，可採收到漂亮的果實

栽培資訊

塑膠袋
長 60 cm、寬 40 cm，使用能裝入 20 公升左右土壤的袋子較為方便
所需資材
培養土和袋裝肥料

這是一個運用塑膠袋栽培草莓，非常獨特的創意整枝方式。為了保護容易受損的草莓果實，一般會以增加生長空間或作高畦等較費功夫的方式來解決，但利用此一栽培法的話就不需要這些工序了。

由於草莓植株體積不大，非常適合用袋子栽培。將培養土及肥料裝入深度足夠的塑膠袋中並夯實，裝滿20公升土壤的袋子大約可以種植3棵草莓植株。

草莓喜歡日照，需先決定好向陽面，以稍微前傾的方式定植幼苗。側面幼苗高度，以果房下垂時不會接觸到地面為主。定植後的管理方式與基本整枝方式相同。

STEP
1 在袋子側面開缺口

在袋子下方的側面，開 10 cm左右的缺口以方便排水。

STEP
4 將袋底埋入土中

將擺放袋子的地點挖約 5 ～ 10 cm深的凹洞並夯實土壤，之後再放入袋子並回填土壤填滿空隙，以防止袋子傾倒。

專欄 於運用更小的塑膠袋栽培時

使用比長 60 cm、寬 40 cm更小的袋子進行栽培時，需注意不可使果實接觸地面，需將袋子擺在有一定高度的畦面上，管理時注意乾燥和袋子傾倒。

STEP
3 將幼苗定植於袋口

將土填到袋高約九分滿左右，在上方袋口前傾處將走莖切斷處朝後，以不蓋過短縮莖為原則再定植一株幼苗。

STEP
2 裝入土壤，將幼苗定植於側面

先把混合了基肥的培養土裝入袋子，約七分滿時調整重心使袋子能夠自行站立。於七分滿的高度上找兩個間隔 30 ㎝左右的點，切開缺口。將走莖切斷處朝上平放幼苗，再將幼苗向袋子外拉出，至看得見短縮莖為止。最後拿新的培養土蓋過植株根部以完成定植。

STEP
5 冬季至初春的管理與基本整枝方式相同

冬季適當去除枯葉和雜草，由於草莓怕乾燥的關係，請於土乾時澆水。當初春長出新葉後實施追肥，並摘除走莖。從人工授粉到採收為止的步驟均與基本整枝方式相同。

專欄

蔬菜種植的工具準備 ①

想種好蔬菜，一定要有最基本的工具和資材。可到大賣場或農具店中買齊它們，可配合第92頁刊載的「資材準備」一起做參考。

挑選鋤頭時，雖然大量生產的鋤頭輕巧便宜，在小型家庭菜園內可能較容易使用，但購買傳統鋤頭來用不僅翻土力道強，鋤頭本身也較為耐用。

水桶或容器等道具，在自行嘗試後挑選用得最順手的就可以了。拿料理用容器來當替代品使用，應該也能有不錯的使用體驗。

大鋤頭

最具代表性的農具，由長柄和板狀金屬刀刃所組成。可用於翻土、作畦、挖溝、培土等，是種植蔬果時不可或缺的重要工具。只要能夠靠一根鋤頭就完成所有作畦作業時，您就是菜園老手了。

除草鐮刀

主要用來割除雜草。也可於定植時用來切開地膜，割斷繩子或是採收葉菜類蔬菜等，有多種用途。下田工作時隨身攜帶鐮刀，總會派上用場的。

齒耙

長柄等部份與鋤頭相仿，但頭部裝著了三列尖銳的刃片。可用於翻土、將肥料拌入土中、耙除表土、挖掘芋頭等，有多種不同用途。想深翻土時，三齒耙比鋤頭更為合用。

水桶

可用於盛水及肥料、混合不同肥料、盛裝割除的雜草及枯葉等作業時使用，意外地有多種用途。比起使用一個大水桶，不如拿容量 5 公升左右的兩個小水桶來用，在搬運時比較不會碰到過重的問題。

容器

在量測肥料及盛裝播種用的種子時，有個容器會比較方便。雖然市面上也買得到農用容器，但拿料理用的 200 ～ 500ml 量杯或 350ml 鋼杯之類的容器來當代替品就行了。

Part 2

葉菜類

大蔥

栽培大蔥時，需根據大蔥的品種特性，在盡量將葉鞘部份種得又白又長這件事上頭下功夫。雖然培土遮光可以種出潔白的葉鞘，但由於培土有其高度限制，因此一開始就要挖出深約20～30 cm的深溝，再將蔥苗定植於溝中。

而另一方面，因為蔥的根系需要大量氧氣，一口氣將土溝填平會使根系無法呼吸，很快就會枯萎。因此在定植後先不要填平土溝，而是填入稻草等有機介質增加通氣性。

慢慢增進葉鞘軟白的訣竅是每個月一次，重覆追肥和培土。生長點位於蔥葉分歧部上，覆土時注意不可蓋過分歧部。於第1～2次培土時填平土溝，之後再從畦面兩側培土堆高。

基本栽培技巧

- 挖溝後將苗定植於溝中
- 每個月追肥一次，慢慢對植株根部培土，使葉鞘部長而軟白
- 於最後一次追肥和培土經過一個月後，即可開始採收

STEP 1 挖溝定植幼苗

雖然基本的掘溝方式為東西向，但根據田地形狀不同，掘南北向的溝也沒關係。當土壤過於鬆軟時無法垂直掘溝，在定植前一週先灑基肥並翻土，之後夯實土壤。於定植當天，挖出寬 10 ～ 15 cm，深 20 ～ 30 cm的直溝，並將挖出來的土先堆在土溝南側（南北向時則堆在東側）。在土溝北側（南北向時為西側）壁面，每隔 5 cm間距垂直擺放幼苗，於根部覆土 2 ～ 3 cm後輕踩溝底，以防止幼苗傾倒。最後往溝中放入稻草以防止倒伏及乾燥。

STEP 2 追肥、培土（第 1、2 次）

第一次 第一次　定植約半個月後，當植株發根且長出新葉時，進行第一次追肥。直接在稻草上追肥，填土進溝中至半滿為止。

第二次 第二次　第一次追肥約一個月後，將堆在溝邊的土壤灑上肥料，與土壤充分混合後填土進溝中至完全填平為止。

定植半個月後進行
初次追肥及培土

栽培資訊

畦面（單行種植）
畦寬：70 cm
株距：5 cm
所需資材
稻草
種植時期
（平地）6 月下旬～ 7 月上旬
（高冷地）6 月上旬～ 8 月下旬
（溫暖地）6 月下旬～ 7 月上旬

挖深溝・培土栽培

STEP
4 採收

於最後一次追肥和培土經過一個月之後，就隨時都能夠採收了。搗毀株側土壁以拔出植株。

STEP
3 追肥、培土（第 3、4 次）

第四次

又過了一個月後，追肥並將植株旁邊的土盡量往分歧部下方堆高。為使土塊不會崩落，需夯實土壁側面。

第三次

再過一個月之後，從畦面兩側追肥和培土。注意土壤不可蓋過蔥葉分歧部。

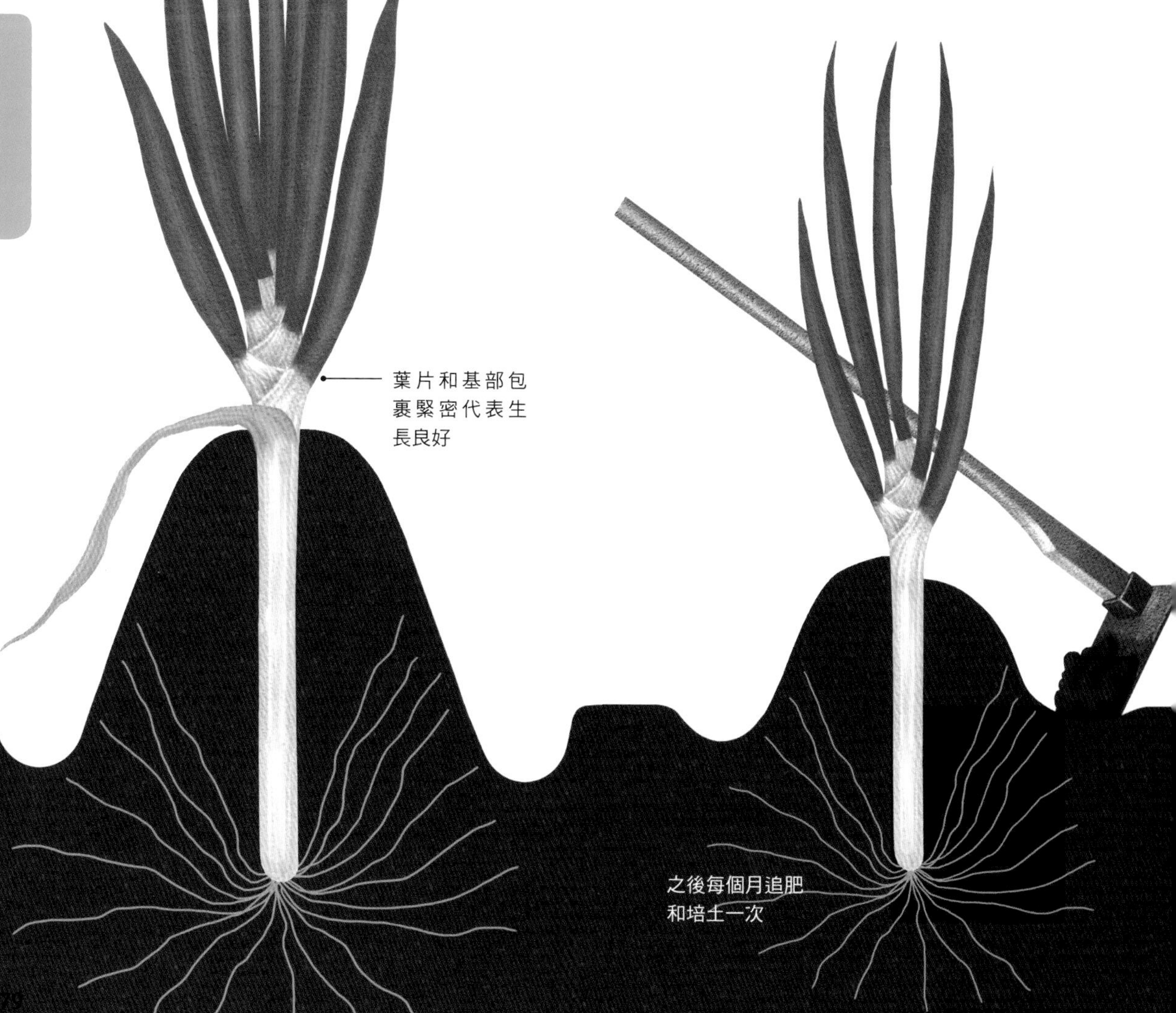

不需培土的彎蔥整枝法

有這些好處！

→不需挖深溝及為增進軟白而培土
→只需放倒植株蓋上雜草抑制蓆，不花什麼功夫。採收時也較為輕鬆
→彎曲生長時附加的壓力雖會增強辛辣味，但加熱後可提高甜味和香氣，也會使蔥體變得更柔軟

本頁所介紹的彎蔥整枝法，是一種能夠簡化種植大蔥時挖深溝及培土等繁雜步驟的種植方式。將幼苗定植於淺溝中，於葉鞘部生長後橫向放倒植株，用能夠遮光的雜草抑制蓆等遮蓋物蓋在植株上面，促進軟白化。如此一來葉鞘部會橫向生長，就不需要跟基本整枝方式一樣挖深溝培土了。

此外，上半部蔥葉會追著陽光往上長，而自然形成「彎蔥」。加熱料理時會變得更甘甜且提升風味。

栽培資訊

畦面（單行種植）
畦寬：30～40 cm　株距：5 cm
＊需預留 50～60 cm供放倒植株用
所需資材
稻草、雜草抑制蓆、支柱、固定釘

STEP 1 將幼苗定植於約 15 cm 深的淺溝中

因為需要足夠的空間方便放倒植株，包括畦寬在內至少要預留 80 cm以上的可用空間。緊實的土壤比較方便挖溝，在定植前一週先灑基肥並翻土。定植當天挖出深 15 cm，寬 15 cm 的垂直土溝。在溝中以每 5 cm間距排列幼苗，覆土後放入稻草。

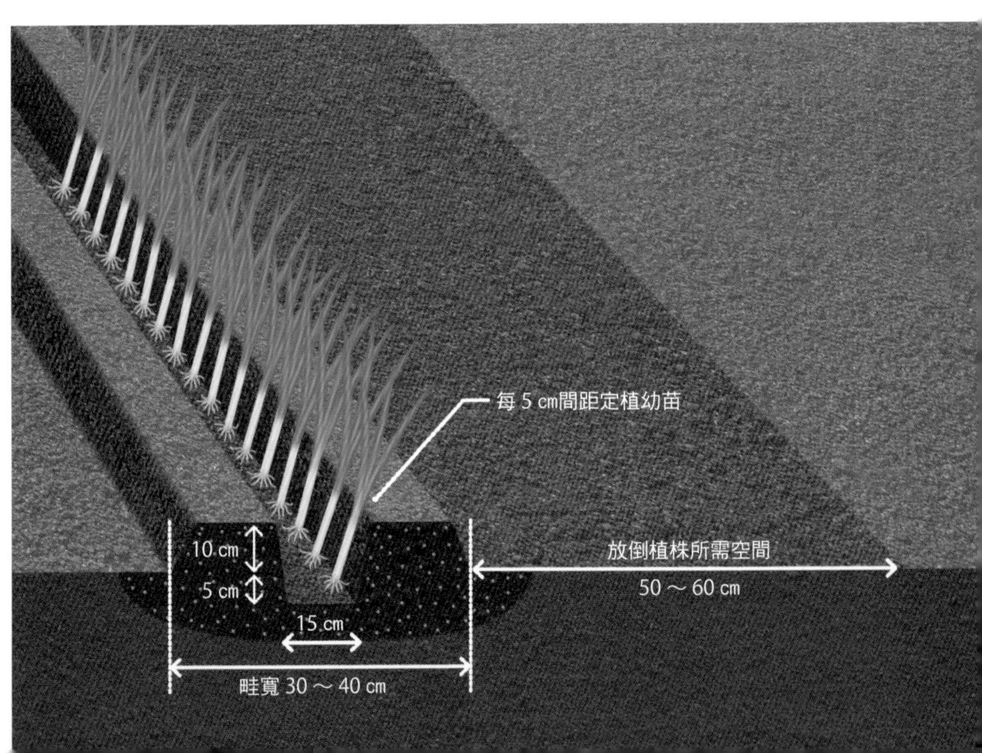

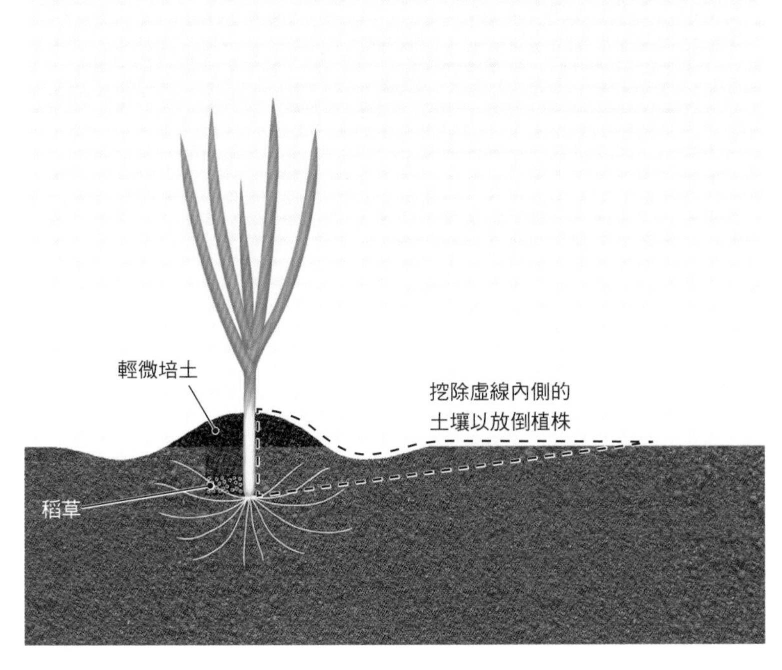

STEP
2 第 1 ～ 3 次追肥及培土

這 3 次追肥與基本整枝方式相同。由於不是為了增進軟白而培土，以植株不會傾倒為原則輕微培土即可。

STEP
3 放倒植株

在採收前一個月，從要放倒植株的方向挖出土壤並壓實土面，挖到看得見植株根部為止，露出根部並放倒植株。蔥是很強健的植物，稍微斷了些根系也不需要擔心。

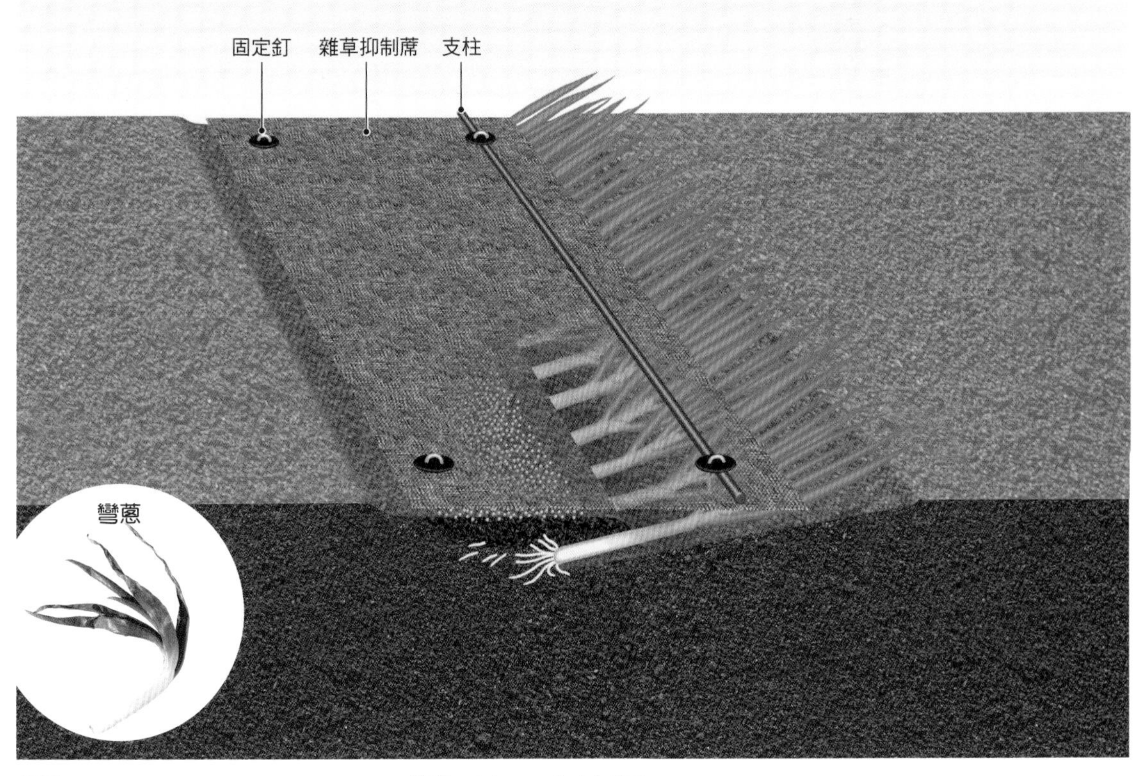

STEP
5 採收

剝除雜草抑制蓆，拔起植株。若想留下植株待日後再採收，請再把抑制蓆蓋回去固定好。

STEP
4 第四次追肥、覆蓋雜草抑制蓆

將放倒後的植株根部覆土填平，於上方追肥。留 10 ～ 15 ㎝的葉片在外，以雜草抑制蓆覆蓋其餘部份。用固定釘固定住抑制蓆即可。由於植株生長時挺立的力道很強，可在抑制蓆上方擺放支柱，再從上方用固定釘加以固定。

蘆筍

蘆筍是以根部吸收的養份做為能量，收穫其嫩莖來食用的蔬菜。由於種植後至少可維持收穫10年以上，因此培育出強壯的根部至為重要。

雖然一般來說，在播種後的前2～3年不會進行大規模採收，以培育出強健的根系，但也可選擇種植已栽培2～4年的大苗，於隔年春天即可採收。

種植蘆筍時，普遍採用保留部份嫩莖，使其轉變成為可進行光合作用的葉片（莖體轉變成類似葉片的構造，又稱為擬葉）種植，並持續採收嫩莖的「留母莖栽培法」。每一棵蘆筍只要留有10～12根母莖（長有葉片的莖幹），就足以維持光合作用了。從春季開始到秋季結束，可長期維持採收。

定植時需注意挑選不會被其他作物干擾，有充足陽光且排水性良好的地點。

基本栽培技巧

- 蘆筍是可在固定地點種植10年左右的多年生草類植物，需仔細考慮定植地點
- 由春季到夏季間，需保持用以進行光合作用的擬葉與進行採收的嫩莖的比例均衡
- 秋季至冬季時請將莖葉全部割除並施用禮肥增強植株活力

STEP 1 種植大苗

在種植區域灑佈苦土石灰並仔細翻土，之後在畦面中央挖掘深度和寬度均30㎝的土溝，再灑上基肥。將4～5㎝左右的土壤蓋回土溝後，以芽點朝上的方式排好要種植的大苗。最後回填土壤，保持芽點被5～6㎝的土壤覆蓋即可。

STEP 2 覆蓋乾稻草以預防霜害及過度乾燥

於定植後為預防霜害及過度乾燥，請以乾稻草覆蓋在畦面上。

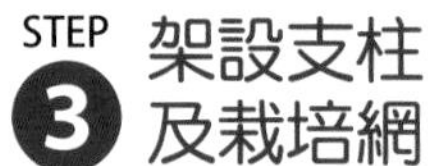

STEP 3 架設支柱及栽培網

當植株開始生長後，需在畦面四週架設支柱及栽培網。往後需配合植株高度，每隔50～60㎝就架設新的栽培網。使用生物分解材質栽培網可大幅減輕整理時的負擔。蘆筍淋到雨容易產生病害，可用透明農膜之類的塑膠膜來擋雨。

STEP 4 追肥及培土

6月時請在植株周圍追肥並培土

栽培資訊

畦面（單行種植）
畦寬：60㎝　株距：40㎝
所需資材
支柱（長約150～180㎝的直立支柱或隧道支柱）
乾稻草、栽培網、農膜、繩子
種植時期
（平地）4月上旬～6月上旬／10月上旬～11月中旬
（高冷地）5月下旬～6月下旬
（溫暖地）4月上旬～6月上旬／10月中旬～11月下旬

基本整枝方式

留母莖栽培法

STEP

5 割除莖葉

於晚秋時將枯萎的莖葉從地表全部割除。由於莖葉上頭可能帶有害蟲及莖腐病病原菌，最佳處理辦法是連乾稻草一起在原地燒燬，若難以實行時請搬到種植區域外另行處置。

STEP

6 禮肥

在割除莖葉後，需充分補充有機質以增進植株活力。在植株根部堆肥，並在施肥後中耕。

STEP

7 採收

隔年 4～5 月上旬，當嫩莖的高度成長到 25 ㎝左右時，從地表將其割下。蘆筍尖端如果開始出葉則不僅不夠美觀也會影響口感，請於適當的時候採收。

STEP

8 母莖

於 5 月中旬後，選擇數根粗大的嫩莖，使其持續成長轉變成母莖，並採收其餘嫩莖。此後適度地保留母莖，到 9 月中旬為止持續採收嫩莖。每一棵植株留有 10～12 根帶擬葉的母莖，即可充分維持光合作用進行。

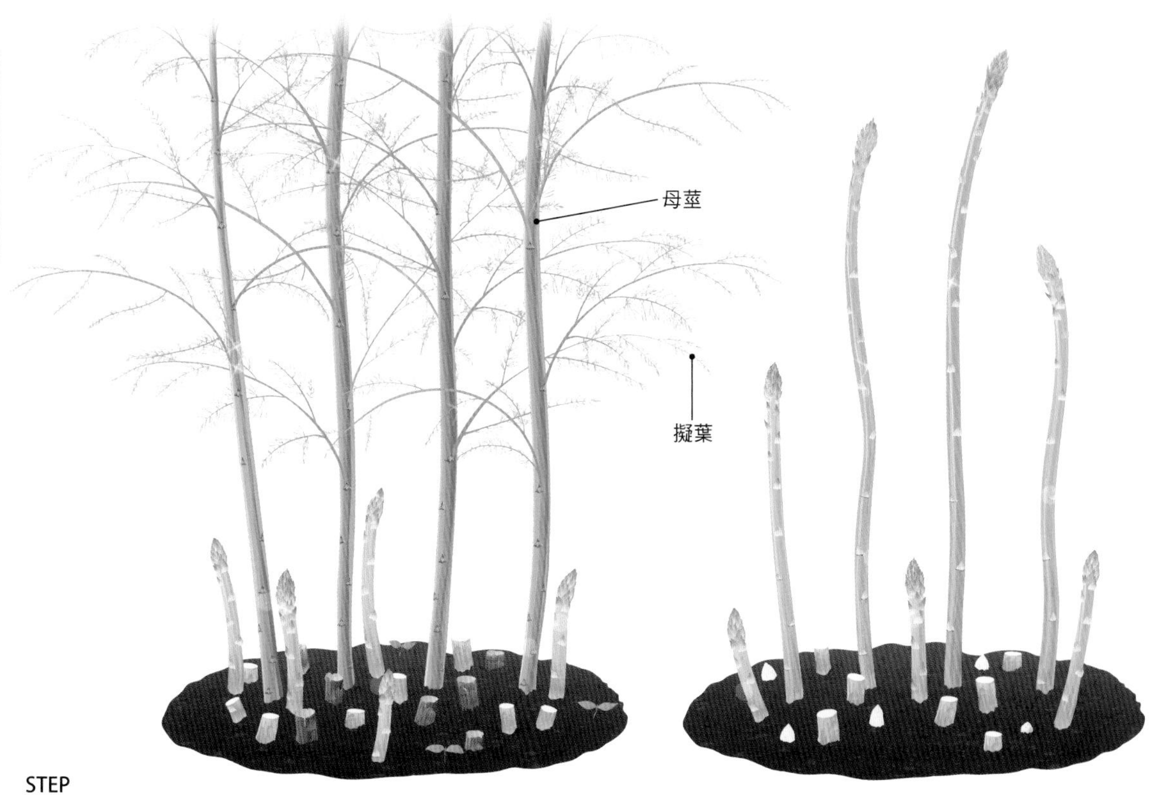

STEP

9 肥培管理

蘆筍種植期間很長，需適當補給肥料和有機質強健根系發育。肥培管理大致上的週期為：當 2～3 月嫩莖開始成長時，以及 6 月左右母莖生長期追肥，在地上部枯萎的 11～12 月時施以禮肥，除了施肥之外另需進行堆肥。

短期集中栽培法

有這些好處！

→栽培時間短，不易失敗
→於定植後第二年春天，可採收多根粗壯的嫩莖
→於單季期間內採收所有嫩莖，容易安排田地輪作順序

這是一種將使用基本整枝法時可連續採收10年左右的蘆筍，於定植後隔年春天即予全數採收並重新整地的新式栽培法。

定植通常於6月進行，提早到3月定植後莖葉生長較快，隔年就能正式採收了。此外，由於在單季期間內即將所有嫩莖採收完畢，不需保留隔年需要的莖葉，因此可得到更多收成。

為了在較寒冷的時期成功定植，需先以穴盤育苗，用地膜提高土溫後將幼苗定植於田間。

長葉後管理方式與基本整枝方式相同。隔年春天可從每一植株上採得約30根粗大的嫩莖。

栽培資訊

畦面（單行種植）
畦寬：60 cm
株距：40 cm
所需資材
支柱（長約180 cm）
穴盤、黑色地膜、栽培網、保麗龍箱、塑膠膜

STEP

以穴盤育苗

10～12月時，在128穴的穴盤中每穴各播一顆種子，放入保麗龍箱中以透明塑膠膜覆蓋，溫度保持在25～30度左右。育苗途中以液體肥料等肥料追肥，直到幼苗長出2～3片本葉為止。

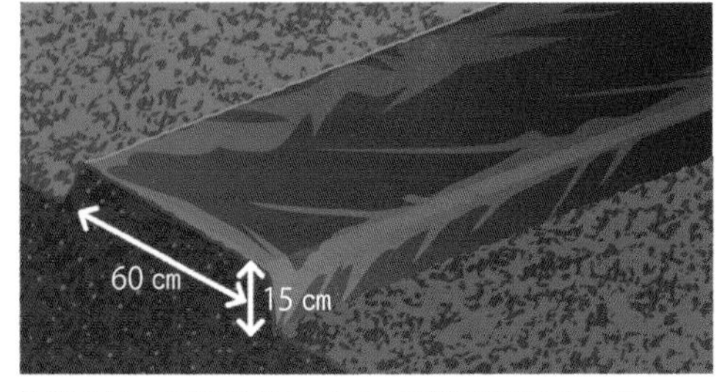

請於定植一週前準備好畦面。覆蓋地膜提升土溫

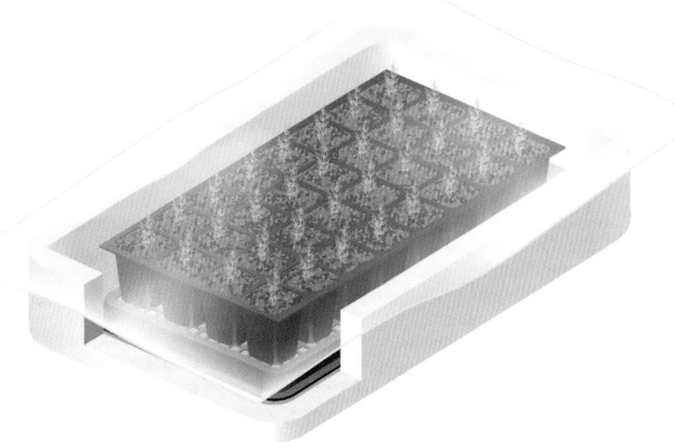

育苗時請將幼苗放在保麗龍箱中，白天曬太陽晚上收進室內

STEP
❷ 將幼苗定植於深約 15 cm的洞內

3 月時，在黑色地膜上每隔 40 cm挖一個約 15 cm深的洞，將幼苗定植於洞底。切開地膜後，用裝滿水的寶特瓶往下按壓就能很容易地壓出需要的洞了。

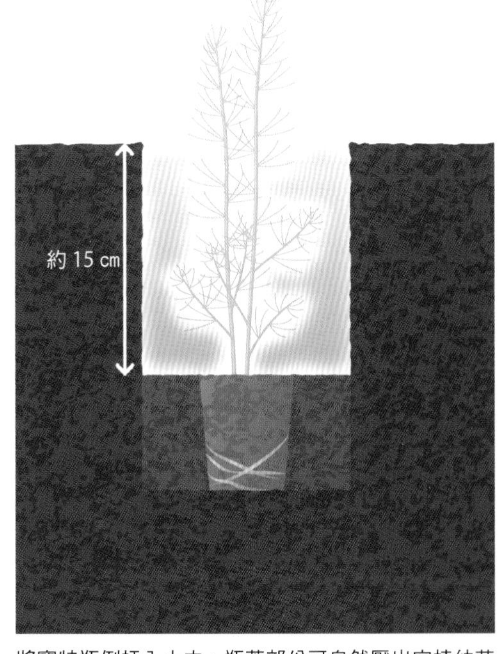

將寶特瓶倒插入土中，瓶蓋部份可自然壓出定植幼苗所需的空間

STEP
❸ 架設支柱及張掛栽培網

於 5 月中旬，等植株開始長高後，用土將定植穴填平並培土。在畦面四週架設支柱並張掛栽培網。

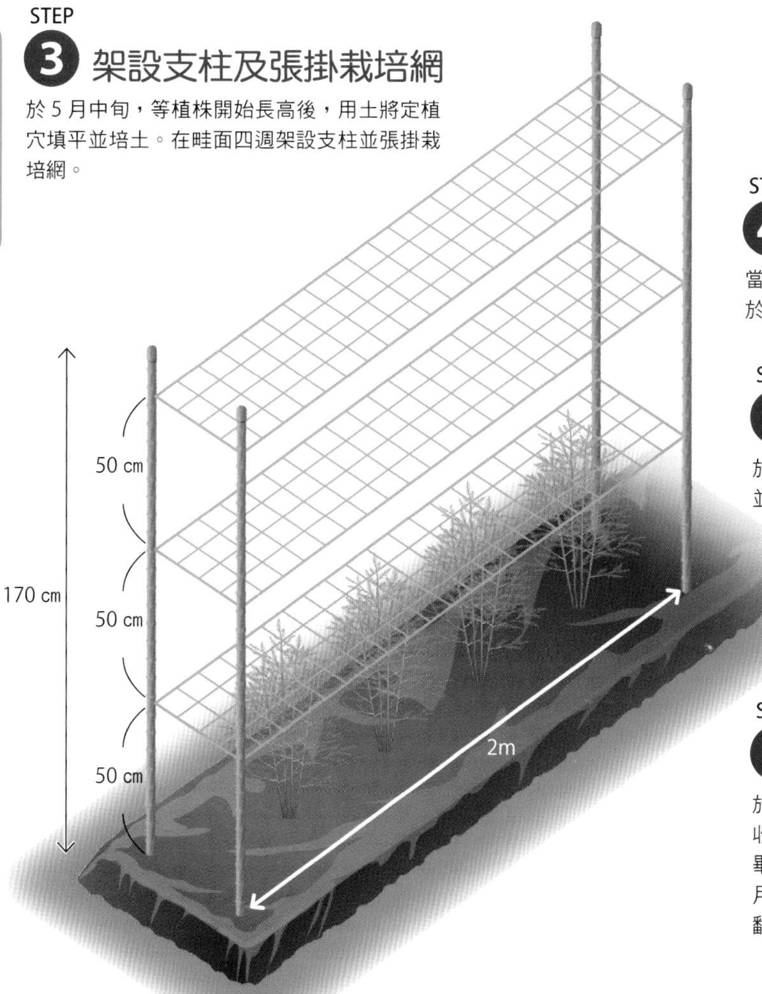

STEP
❹ 追肥

當出現葉片顏色較淡，生長勢不佳等狀況時，於植株周圍追肥。

STEP
❺ 於地表割除葉片，剝除地膜

於初冬葉片完全枯黃後，割除地上殘留部份並剝除地膜。

STEP
❻ 採收

於 4 月嫩莖開始生長後，由地表將其割除採收。由於在單季期間內即將所有嫩莖採收完畢，因此將不停長出的嫩莖全部採收即可。6 月底採收完畢後，將剩餘植株做為綠肥使用，翻土時一起耕除即可。

密技2 種植白蘆筍用的水管整枝法

有這些好處！

→利用簡易裝置即可促進軟白化
→與堆土促進軟白化相比簡單很多，
可採收期程也比較長
→嫩莖不套水管會變成綠色，可同時享受兩種採收樂趣

栽培資訊

畦面（單行種植）
畦寬 60 cm　株距 40 cm
所需資材
支柱：長 150～180 cm
敷蓋用乾稻草、黑色地膜、栽培網、繩索

將PVC管套在蘆筍嫩莖上使其軟白化，即可栽培出白蘆筍。所謂的白蘆筍，是指生長過程中完全未接觸光線照射的蘆筍嫩莖。

一般栽培法是在嫩莖開始生長前，於植株上方堆土20～30 cm左右以遮避光線，但運用PVC管的話可以為單一嫩莖分別遮光，很簡單地就能進行軟白化。嫩莖成長速度很快，遮光數日後即可採收。

從定植幼苗開始到春天為止的所有步驟均與一般整枝法相同。

STEP 1 定植幼苗

與基本整枝方式相同，施肥後將幼苗放在洞中芽點朝上定植，覆蓋上 4～5 cm左右的土壤。

STEP 2 為防止乾燥須敷蓋稻草

將乾稻草覆蓋在畦面上以預防霜害及過度乾燥。

STEP 3 準備 PVC 管

將內徑4 cm左右的PVC管切成各約25～30 cm長，為了容易插入土中將單邊削尖。用兩層黑色地膜包覆水管另一側，綁緊避免掉落。由於嫩莖生長速度很快，請及早準備。

STEP 4 將 PVC 管覆蓋在嫩莖上

當嫩莖稍微露頭後就用 PVC 管覆蓋嫩莖，將水管牢牢插入土中。若過晚發現萌芽跡象，就算遮了光也無法長成完美的白色，所以生長時期需要仔細觀察。

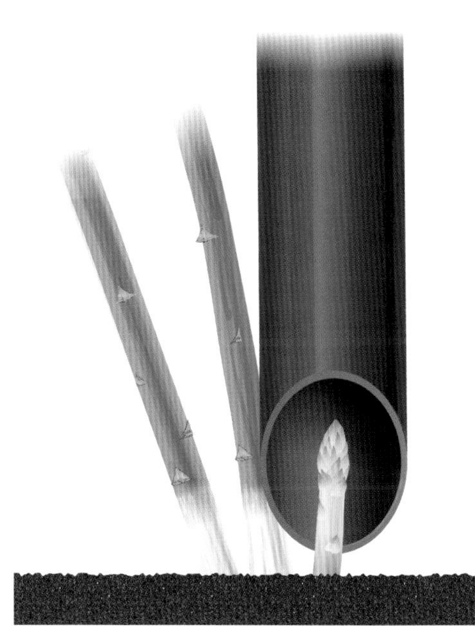

STEP 5 採收

遮光數天後，嫩莖生長到頂住黑色地膜就可以採收了。小心拔除水管以避免嫩莖折斷或受損，由地表將其切下。接受光線照射後嫩莖很快就會轉綠，請多加留意。

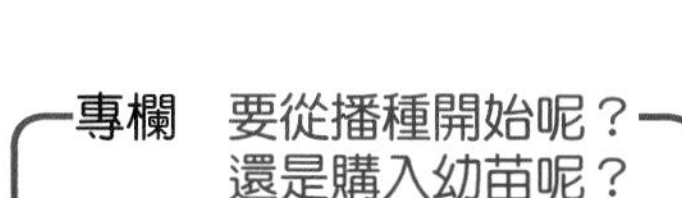

專欄　要從播種開始呢？還是購入幼苗呢？

種植蘆筍時，會因為①播種② 1 年生幼苗③ 2～4 年生大苗等栽培起始點的不同，而影響到可進行正式採收的年份。①需要一年育苗，從田間定植到能採收為止需要耗費 2～3 年。②是播種後培育了一年的幼苗，定植後隔年春天可少量採收，從第二年開始可正式採收。③則從定植後隔年春天就可正式採收，但大苗價格較高。

花椰菜

花椰菜葉片既大又寬，種植時需要足夠的畦寬和株距，當土壤排水不佳時，最好作15～20 cm高的高畦後再行種植。

於盛夏定植植株時，需避免於豔陽下作業，選擇於陰天或傍晚時作業。定植作業前後需充分澆水。因為夏季害蟲很多，可利用隧道棚架張設可稍微遮光的防蟲網（透光率90%）以保護植株。

它的花蕾球大小與外葉大小及枚數成比例生長，需適當追肥使植株成長茁壯。在花蕾球形成期時，觀察生長勢再進行第二次追肥。於採收主幹頂端長出的主花蕾球之後，可再採收由葉腋長出的側花蕾球。

想多採收一些側花蕾球時，推薦挑選「主花蕾球、側花蕾球兼用品種」來種植。

基本
栽培技巧

- 夏季定植時容易傷到根系，請於氣溫降低的傍晚時定植，並充分澆水
- 於適當時機追肥，增大外葉以培育出較大的花蕾球
- 採收主花蕾球後不用立即摘除植株，可繼續採收側花蕾球

STEP
1 充分澆水後定植幼苗

完成翻土作畦後，可將長出4～5片本葉的幼苗定植於田間。把幼苗連同黑軟盆一起放在盛水的水桶裡，吸飽水之後再定植。定植後在植株周圍堆小土牆再充分澆水，以促進植株發根。

STEP
2 追肥、培土

定植三週後，於植株周圍追肥。由於花蕾球成長肥大後容易傾倒，請在植株根部充分培土。再過一個月之後觀察生長情況再追肥。

栽培資訊

畦面（單行種植）
畦寬：70～80 cm
株距：45 cm
所需資材
無
種植時期
（平地）8月中旬～9月上旬
（高冷地）8月下旬～9月中旬
（溫暖地）7月上旬～8月上旬

主花蕾球栽培法

STEP 3 採收主花蕾球及側花蕾球

當主花蕾球直徑長到 10 ～ 15 ㎝後，趁花蕾仍密集緊實時採收。過晚採收會使花蕾增大導致口感變差。花椰菜的莖也很好吃，採收時需連莖切下。而從葉腋長出來的側花蕾球，直徑長到 5 ～ 7 ㎝時就可以採收了。

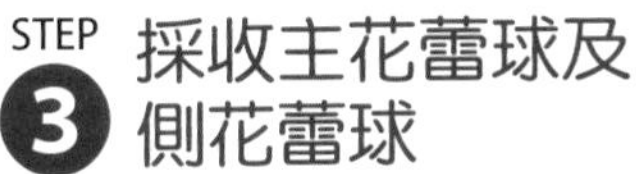

專欄　青花筍種植方式

俗稱的青花筍（莖花椰菜），是採收側花蕾球和口感清爽的嫩莖來食用的蔬菜。栽培方法與花椰菜幾乎相同，但它比花椰菜更耐寒暑，更容易種植。種植重點為主花蕾球直徑 2 ～ 3 ㎝時即予採收，以促進側花蕾球生長。每一植株大約可長出 10 ～ 15 根側花蕾球，於嫩莖長度約 15 ㎝左右時採收。

專欄　如何種出漂亮的白花椰菜

種植白花椰菜時，用外葉包覆花蕾球以達到遮光效果，就可種出潔白的花蕾球。

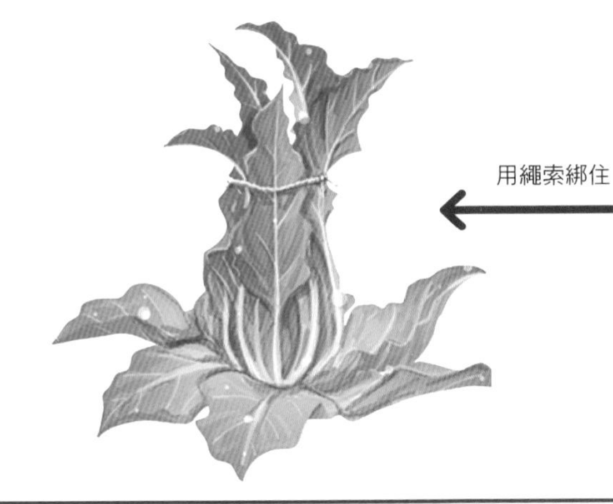

側花蕾球全年採收整枝法

有這些好處！

→填平土溝同時培土，就算植株長高了也較易培土
→隨時培土可促進不定根生長，使植株變得強壯
→側花蕾球可持續採收至隔年秋天

花椰菜是一種多年生植物，能夠利用本頁所介紹的栽培法長期維持採收至隔年秋天。雖然植株在春天時能夠長出數條側枝，但一般栽培方式需要無數次培土，因此使側枝無法成長，反而還會傷害植株。在此可將幼苗定植於溝中以確保培土需要的空間。對植株根部充分培土，誘使不定根產生並定期追肥以維持生長勢，直到秋天之前就都有側花蕾球可以採收了。

栽培資訊

畦面（單行種植）
畦寬：70～80 ㎝　株距：45 ㎝
所需資材
無

STEP ❶ 將幼苗定植於溝中

翻土後作平畦，在畦面中央挖一條 15～20 ㎝寬，10 ㎝深的土溝，將幼苗定植於溝底。挖出來的土先堆在土溝兩側。

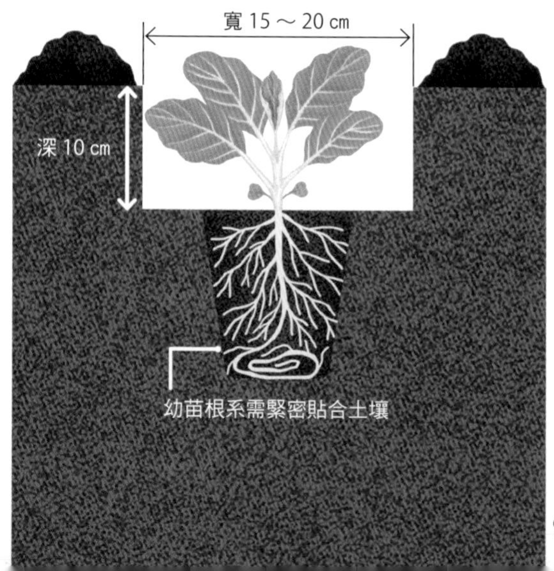

STEP ❷ 培土填平土溝

當植株長高超出土溝高度後，分兩次將溝旁的土堆回填至溝中。需觀察生長情況適當追肥。

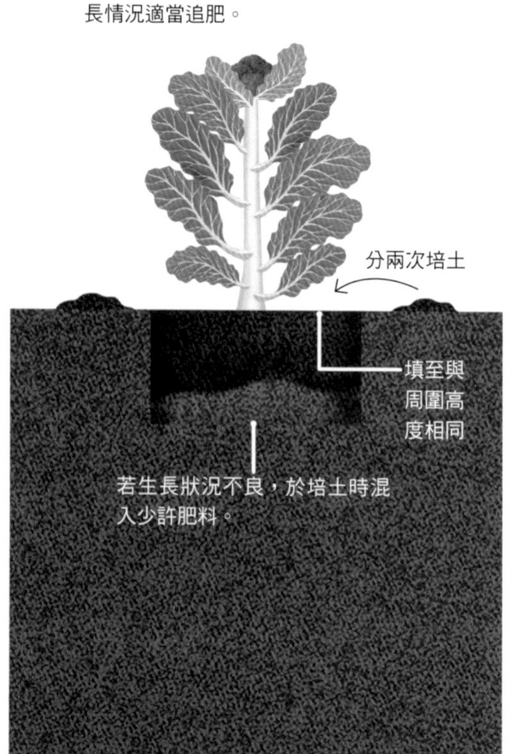

專欄　可將側芽當作扦插苗使用

於春季或秋季採收側芽，以扦插要領種植。發生植株過大需要更新等情況時，可省去育苗的時間，非常方便。

STEP 3 採收主花蕾球、側花蕾球

與基本整枝方式相同，採收主花蕾球、側花蕾球。

STEP 4 整枝出 2 ～ 3 條側枝

挑選 2 ～ 3 條粗大結實的側枝，從基部切除其餘側枝。

STEP 5 追肥、培土

隨時可培土。摘除枯萎下葉，用土覆蓋無側枝的節位，以促進不定根生長。採收主花蕾球後每個月定期追肥及培土。

STEP 6 採收側花蕾球

採收不斷長出的側花蕾球。春夏間的花蕾容易變硬，請盡可能趁早採收。

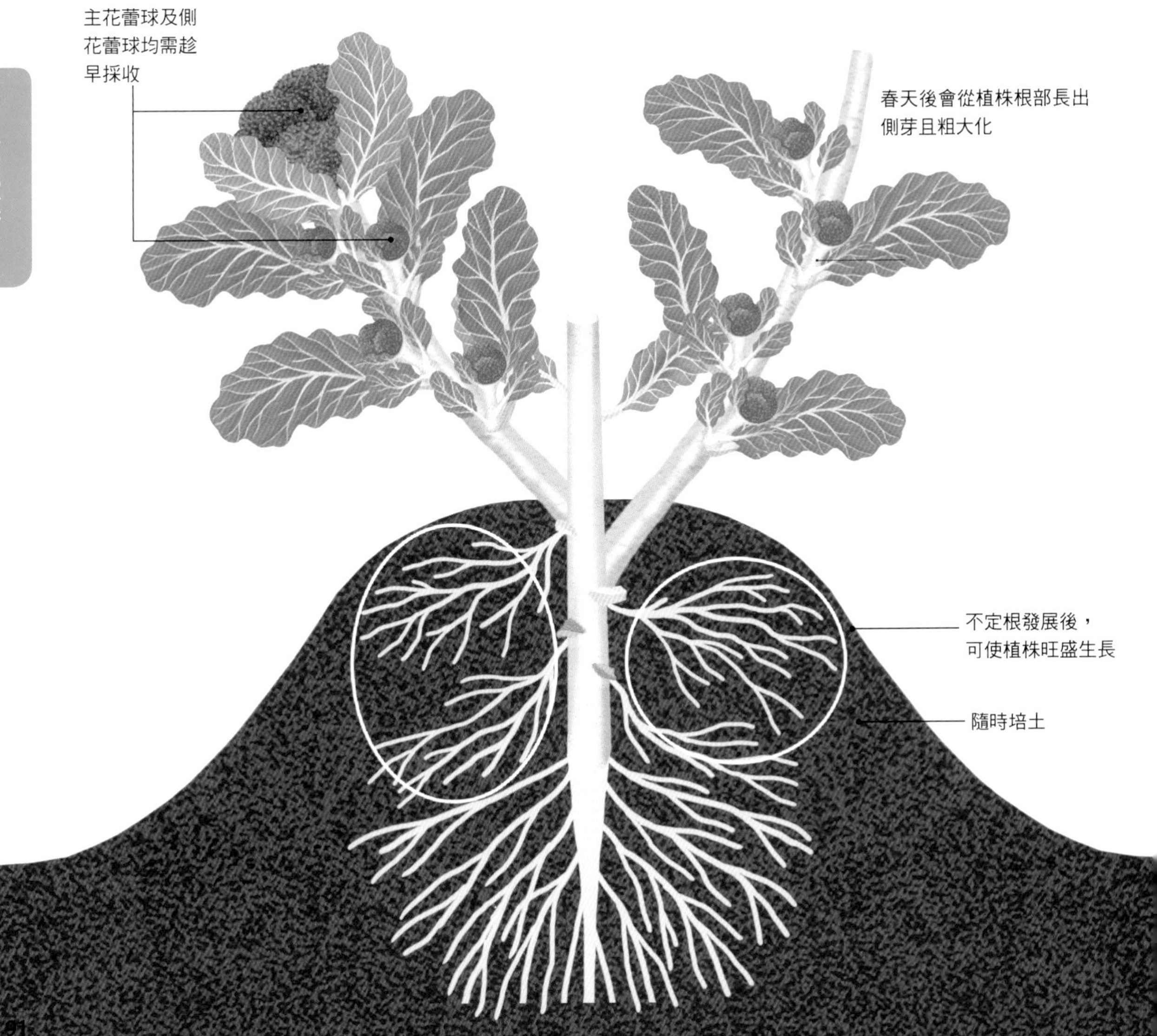

誘引繩

一般使用麻繩或塑膠繩即可。將淘汰下來的 T 恤等舊衣物剪成細條狀也很合用。需選擇能穩固綁緊且不會對誘引莖條等植物體造成傷害的材質來使用。

支柱

主要用來支撐果菜類。根據種植的蔬果種類，挑選不同直徑和長度的支柱使用。支柱直徑約 1.6 cm，於種植蕃茄和小黃瓜時需要長度 210 ～ 240 cm左右的長支柱；而種茄子青椒時較常使用長度 150 cm左右的短支柱。

遮蓋資材

不織布

不織布是將化學纖維以高溫及樹脂黏合，或以機械高壓壓製出的布料。重量很輕，透光性也不錯，且保溫性比寒冷紗好。有高度透氣性，故不易悶熱。

隧道用農膜

常被稱為「農膜」。透光性很好，但幾乎沒有透氣及透濕性。保溫性良好。市面上也找得到預先開好了換氣孔以防止溫度過高的農膜。

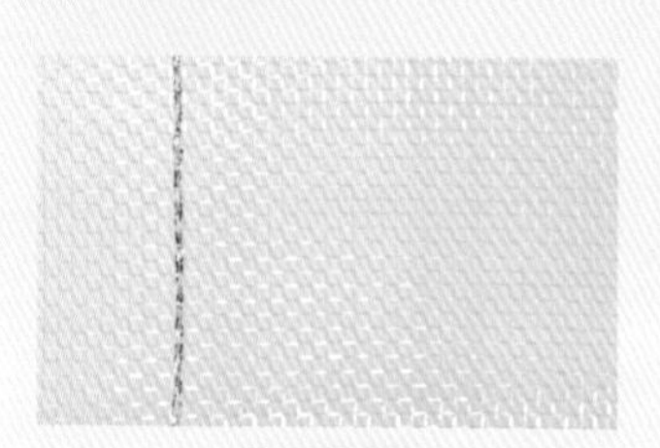

防蟲網

以阻擋害蟲為主要目的。透光性及透氣性佳。有不少防蟲網混織銀線以阻避害蟲，需根據害蟲種類，挑選不同網目（孔洞大小）的防蟲網來使用。

寒冷紗

用維綸及聚脂纖維等化學纖維平織而成的布料。透氣性很好，同時保有不錯的保濕性。白色寒冷紗擁有高透光率，於冬季用來防寒、防霜，夏季則用於防蟲等用途。

敷蓋資材

透明地膜

雖然擁有強力的土溫提升及保水效果，但缺乏雜草抑制效果。於低溫期種植秋冬季蔬菜時特別有效。夏天容易使土溫過度提升，可在此類地膜上敷蓋稻草減緩保溫效果。

黑色地膜

雖然土溫提升效果比透明地膜差，但雜草抑制效果比較好。缺點是地膜本身的高熱容易造成葉燒。適合於種植喜歡高溫的茄子及青椒等夏季果菜類時使用。

Part 3

根菜類

牛蒡

栽培牛蒡的重點是「深耕精耕」。也就是深翻土，保持土壤鬆軟。牛蒡的根系能長得非常深，翻土時需仔細翻鬆深約1公尺的土層。需事先將可能造成根部分岔或彎曲的異物移除並敲碎土塊。鋤頭翻不到的深度請改用鏟子挖掘。由於牛蒡怕濕，種植於排水不良的土壤時需作20～30㎝的高畦後再行種植。

它的種子為好光性，播種後只需覆薄土蓋住種子，再用手掌壓實即可。牛蒡植株相對耐寒暑及病蟲害，種植期間除了根據狀況疏苗追肥外，不太需要耗費勞力照顧。降霜時地上部會枯萎，但根部仍是活的，到春季抽苔前不需進行田間管理。

基本栽培技巧

- 需要仔細翻土，至少1公尺深
- 為需要光線輔助發芽的好光性種子，播種時只需薄覆土
- 進行三次疏苗，最後只留一株植株
- 採收時需從植株側面往下深挖坑

STEP

1 深翻土後才可播種

牛蒡根系會長得非常深，翻土時需仔細翻鬆深約1公尺的土層。作畦後每一次點播請播下四顆種子。

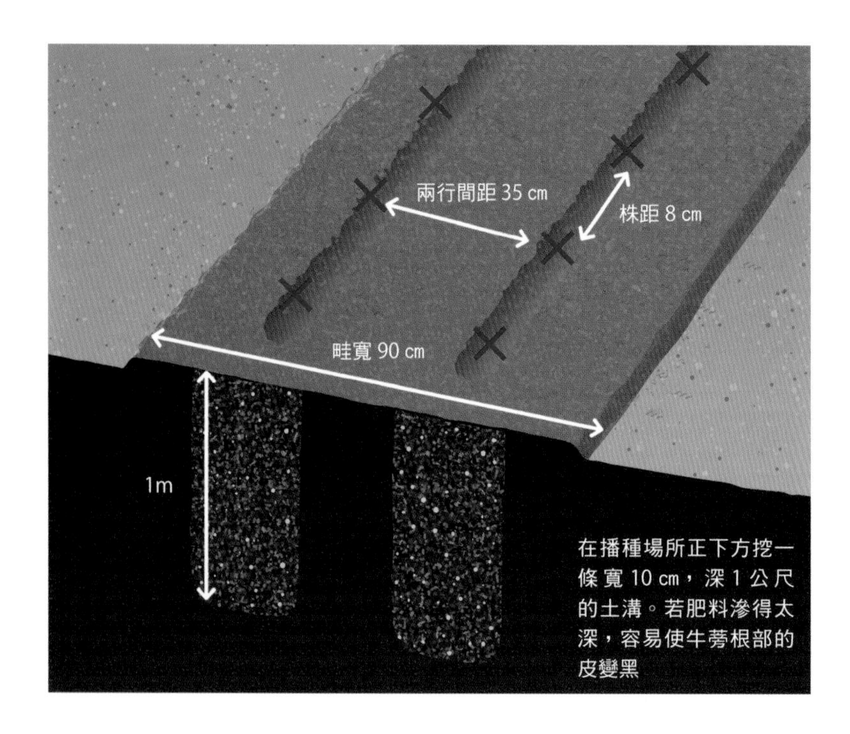

栽培資訊

畦面（雙行種植）
畦寬：90㎝
株距：80㎝
播種時期
（平地）4月上旬～9月上旬
（高冷地）4月下旬～7月下旬
（溫暖地）3月下旬～9月中旬

挖深坑栽培法

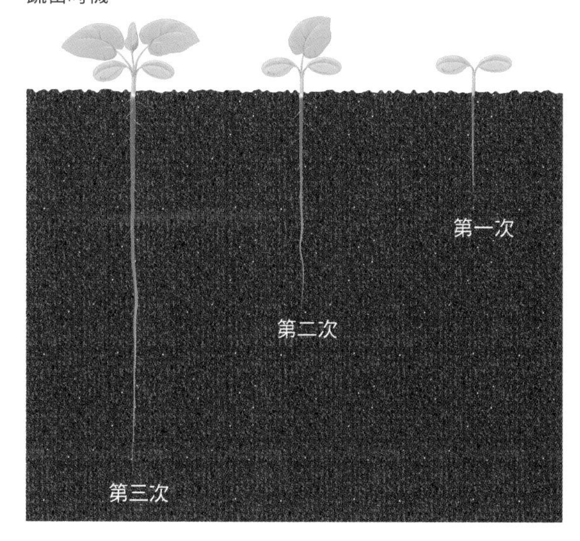

STEP 2 疏苗、追肥、培土

總共需要疏苗三次，當子葉展開時留三棵苗，長出 1 ～ 2 片本葉時留兩棵苗，而在長出 3 ～ 4 片本葉時只留一棵苗。若不易拔起幼苗，從地表處用剪刀直接剪斷也可以。第二次和第三次疏苗後，需在植株兩側追肥及培土。

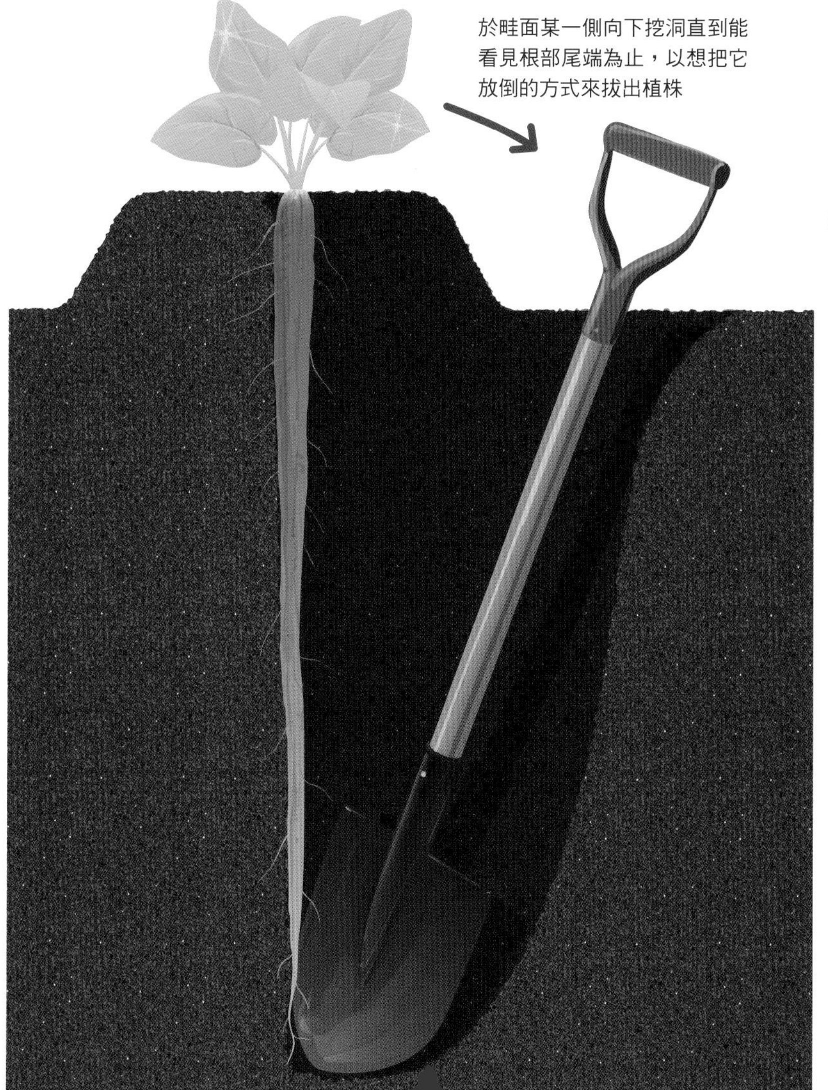

STEP 3 採收

從播種算起 120 ～ 150 天，植株根部直徑長到 1 ～ 2 cm粗的時候就可以採收了。從植株旁邊往下挖深坑，抓柱植株根部，以想把它放倒的方式往旁側推即可順利拔出。

專欄
容易種植的短根品種（迷你牛蒡）

當不方便深翻土，或想在耕土較淺的地點栽種牛蒡時，可選擇根部長度 30 ～ 40 cm的短根種來種植。種植方式與長根品種幾乎相同，但株距更短，只需 5 ～ 10 cm。播種後大約 100 天即可採收。

密技 波浪板整枝法

有這些好處！

→波浪板能夠誘導根系生長，省下深翻土的功夫
→由於根系在波浪板上生長，能培育出生長滑順，且又粗又直的牛蒡根
→只需稍微挖土就能拔出牛蒡，採收容易

這是一種將波浪板埋入地底，使牛蒡根系順著凹溝生長的栽培法。

使用此種方式，就不需要像一般種植牛蒡時得先「深耕」了。利用埋設在種子正下方的波浪板來誘導根系生長，根系能在較淺的地方生長茁壯。因為牛蒡喜歡鬆軟富含空氣的土壤，所以需要確實翻鬆覆蓋在波浪板上的土壤。另須敷蓋稻草以防止降雨再次固結已翻鬆的土壤。只要土壤足夠鬆軟，於採收時只需要把牛蒡拔出來就可以了，非常輕鬆。

栽培資訊

畦面（單行種植）
畦寬：50～60 cm　株距：15 cm
除畦寬外，另需約 100 cm的空間埋設波浪板
所需資材
敷蓋用稻草、PVC 波浪板
（寬 71 cm × 長 91 cm）

STEP 1 設置波浪板

包含畦寬在內，準備好寬約 160 cm（內含兩片約有 20 cm重疊並排的波浪板）的栽培空間，其中一端往下挖大約 40 cm，往播種位置（地表）造出緩緩的斜坡後，縱向排列好兩片波浪板。先將挖出來的土堆在旁邊。

STEP 2 於埋設波浪板的前半部施肥

將挖出來的土撒上苦土石灰，充分攪拌後再回填至洞內。在要播種的那 1 側，大約於埋設波浪板的前半段撒上肥料，翻土後作畦。播種位置離埋在地底的波浪板需留有 20 cm左右的距離，使種子發芽後主根有足夠的空間可以生長，亦能防止土壤乾燥。可在埋設波浪板的邊界處架設支柱之類的標記，以避免誤踩進鬆土區。

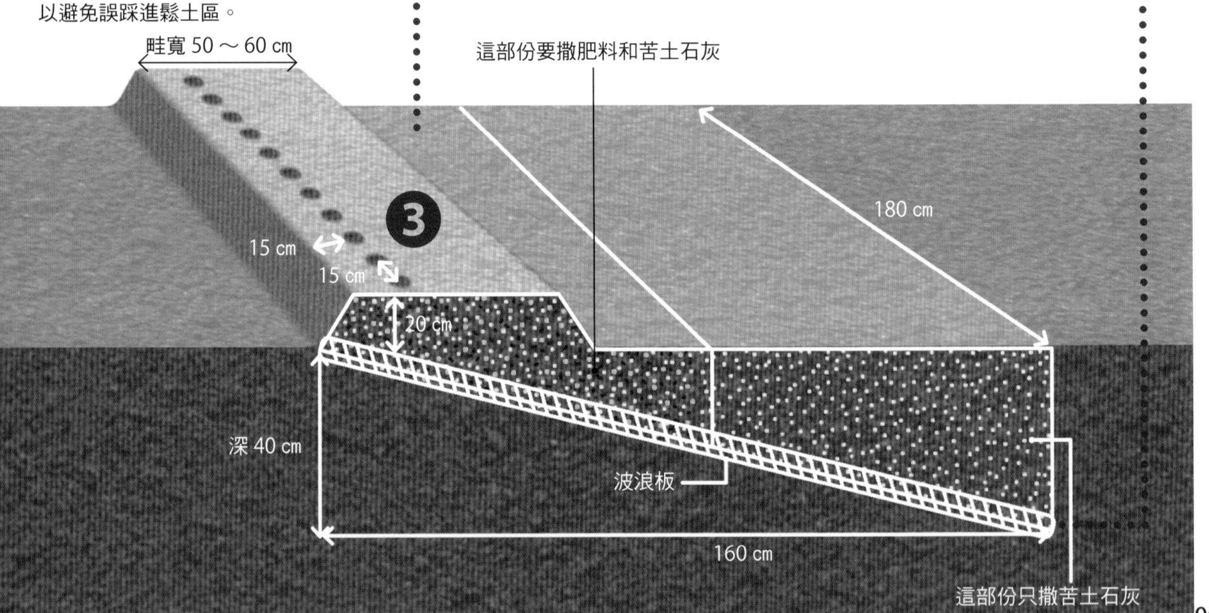

STEP 4 為避免乾燥以乾稻草敷蓋

由於植株根部會受到波浪板誘導，在地表附近橫向生長，且地底下的水份會受到波浪板阻礙以致無法往地表上升等因素，土壤更容易乾燥。需敷蓋乾稻草以避免土壤乾燥。敷蓋乾稻草有抑制雜草、穩定土溫、避免土壤固結等多種功效。

STEP 3 播種、疏苗、追肥

於畦面另一端每隔 15 cm間距點播四顆種子。疏苗及追肥時機均與基本整枝方式相同。疏苗後將整片牛蒡種植空間全都敷蓋上稻草。施肥時撒在稻草上就可以了。

STEP 5 採收

雖然當地面上的植株根部直徑長到 1～2 cm粗的時候才是最佳採收時期，但在此之前隨時都能夠採收。挖鬆植株根部附近的土壤，抓住根部把它拔出來就可以了。

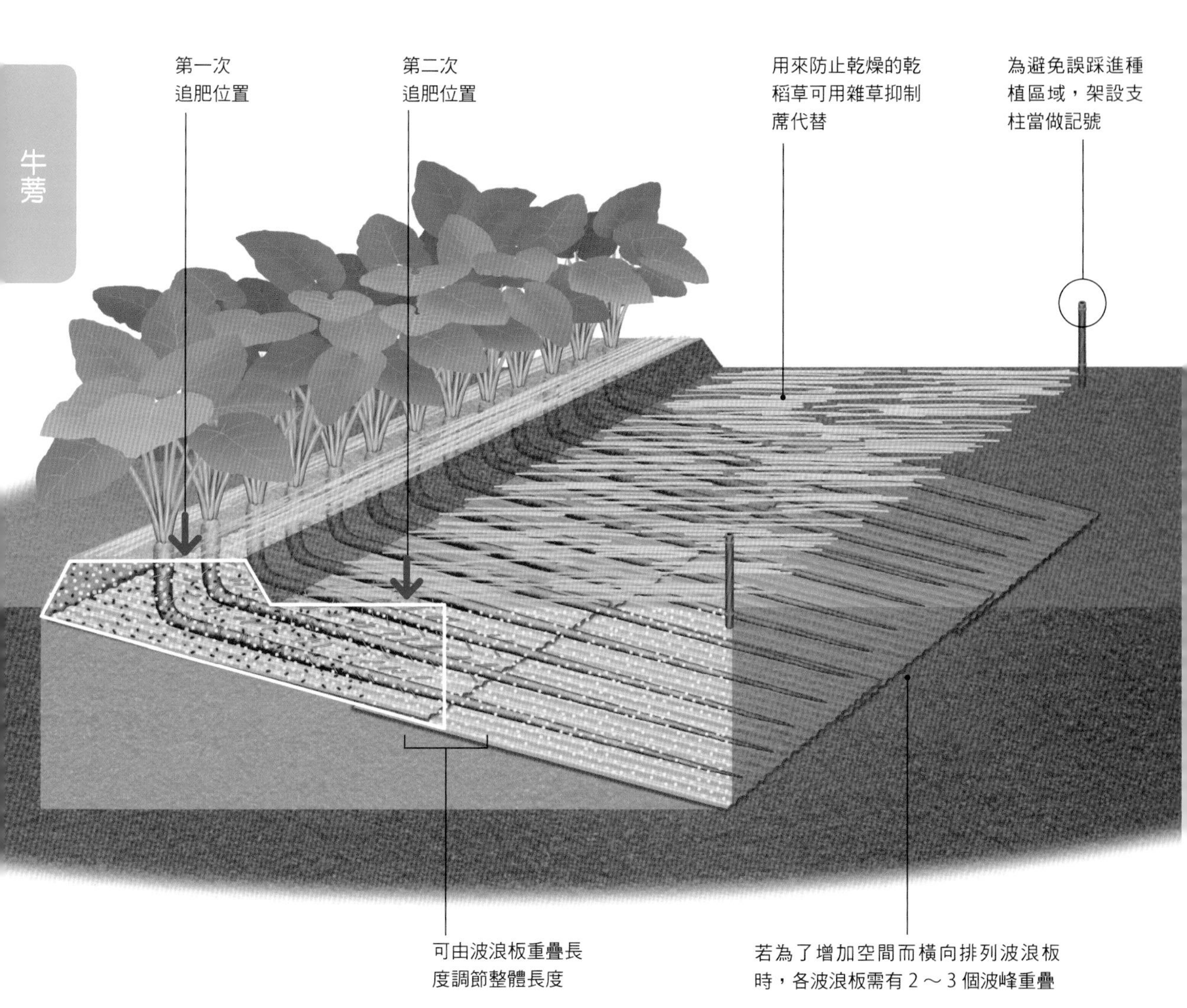

地瓜

地瓜的吸肥力很強，當氮肥過多時會發生只長藤蔓和葉子，影響地下塊根肥大的「過度茂盛」狀況，若在持續栽種蔬菜的菜園裡種植地瓜時不需施肥。由於地瓜喜歡PH值5.5～6.6的弱酸性～酸性土壤，因此於一般菜園中種植時不需要利用石灰質資材調整酸鹼度。作畦完畢後馬上就可以種植了。

扦插時，需挑選長約25cm，帶有5～6片葉子且未徒長的地瓜藤來使用。

不同的扦插方式會影響地瓜數量和大小，請根據菜園環境和定植株數等不同因素選擇最適合的方式。定植前一天先讓地瓜藤吸飽水，定植後葉子稍微萎頓也不要緊。基本上不需要追肥，到採收為止幾乎不需要照顧。

基本栽培技巧

- 氮肥過多時會「過度茂盛」，需注意施肥量
- 前一期作物採收後若還有殘餘肥料，不需施肥也能種植
- 若擔心扦插苗缺水萎頓，請於陰天或傍晚時定植。定植前後下過雨的話自然就能存活了
- 基本上不需追肥。到採收為止幾乎不需要照顧

STEP 1 翻土、作畦

在持續栽種蔬菜的菜園裡種植地瓜時不需施基肥。地瓜喜歡排水良好的土壤，可作30㎝高的半圓形高畦，覆蓋黑色地膜以提高土溫、防止雜草生長。

STEP 2 定植幼苗時需保持傾斜

利用支柱等棒狀物，以斜45度角在畦面上戳洞。拔出棒子後放入扦插苗，於3～4節深的地方覆土。注意不要連葉子也埋進土裡。

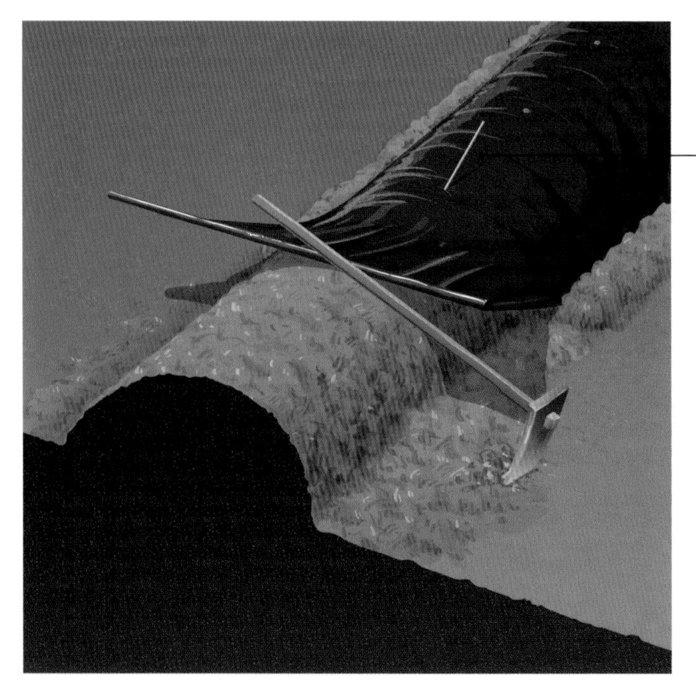

以棒狀物傾斜戳洞，將扦插苗放進洞中。

栽培資訊

畦面（單行種植）

畦寬：70㎝　株距：30㎝

所需資材

地膜

種植時期

（平地）5月中旬～6月中旬

（高冷地）6月上旬～6月下旬

（溫暖地）5月上旬～6月中旬

基本整枝方式

放任匍地栽培法

STEP

3 不需追肥

基本上不需追肥。當肥料過多時會發生只長莖葉，地下塊根長不大的「過度茂盛」狀況。但盛夏時若出現藤蔓及葉片生長勢不佳，或葉片變黃等狀況時，請在蔓尖附近追肥。

發生過度茂盛時的狀態

良好的成長狀態

STEP

4 採收

當葉片轉黃後，請在降霜前土壤乾燥的日子挖出地瓜。把散在地表的地瓜蔓全部割除，剝開地膜。用鏟子將植株周圍的土壤敲鬆破壞畦面，再拉起剩下的地瓜蔓順勢拉起地瓜加以採收。採收後暫時放在陰涼處可使澱粉轉變成糖份而更加甘甜。

專欄　幼苗定植方式會影響地瓜生長數量

地瓜是由長有葉片的莖節底下的根系發育而來的，根據埋在土裡的莖節數目不同，長出的地瓜數量也會不一樣。

水平種植

將扦插苗水平放在畦面上，再覆土埋住4～5個莖節。長出的地瓜數量最多，大小也最為平均，但在覆蓋地膜後難以採用此一種植方式。

傾斜種植

埋住3～4個莖節時雖然長出的地瓜較小，但數量比垂直種植多。

垂直種植

將扦插苗垂直插進畦面，埋住2～3個莖節。雖然長出的地瓜數量較少，但每條都能又大又肥。

地瓜

垂直立體整枝法

有這些好處！

→將藤蔓誘引到支柱上，可在較狹小的空間內種植
→良好的日照和通風可減少病蟲害，
使地瓜能更好地發育
→容易找出地瓜生長位置，便於採收

栽培資訊

畦面（單行種植）
畦寬：70 cm
株距：30 ～ 40 cm
所需資材
支柱（180 cm）
地膜、誘引繩

這是一種將旺盛生長的地瓜藤，利用立體栽培來節省空間的整枝方式。

由於誘引了大量藤蔓的關係，需要架設堅固的支柱支撐重量。地瓜藤無法自然攀登到支柱上，故需利用繩子仔細誘引。但藤蔓長度超過支柱高度後，將它們披掛到支柱的另一側就可以了。

採用垂直種植方式（參考第99頁），雖然長出的地瓜數量較少，但每條都能又粗又大。

此外，匍地栽培時得從一堆藤蔓中找出地瓜的位置是很辛苦的一件事。使用此頁介紹的方式進行栽培，能很輕易地找到地瓜生長位置。

STEP 1 作高畦後定植

參照基本整枝方式，作 30 cm高的高畦，覆蓋黑色地膜。取 30 ～ 40 cm株距，垂直種植扦插苗。

STEP 2 架設支柱誘引藤蔓

當藤蔓開始生長後，架設支柱誘引藤蔓。由於支柱需要負荷藤蔓和葉片的重量，因此需水平架設支柱並於交叉處牢固綁緊，於側面也斜向架好支柱確實固定。

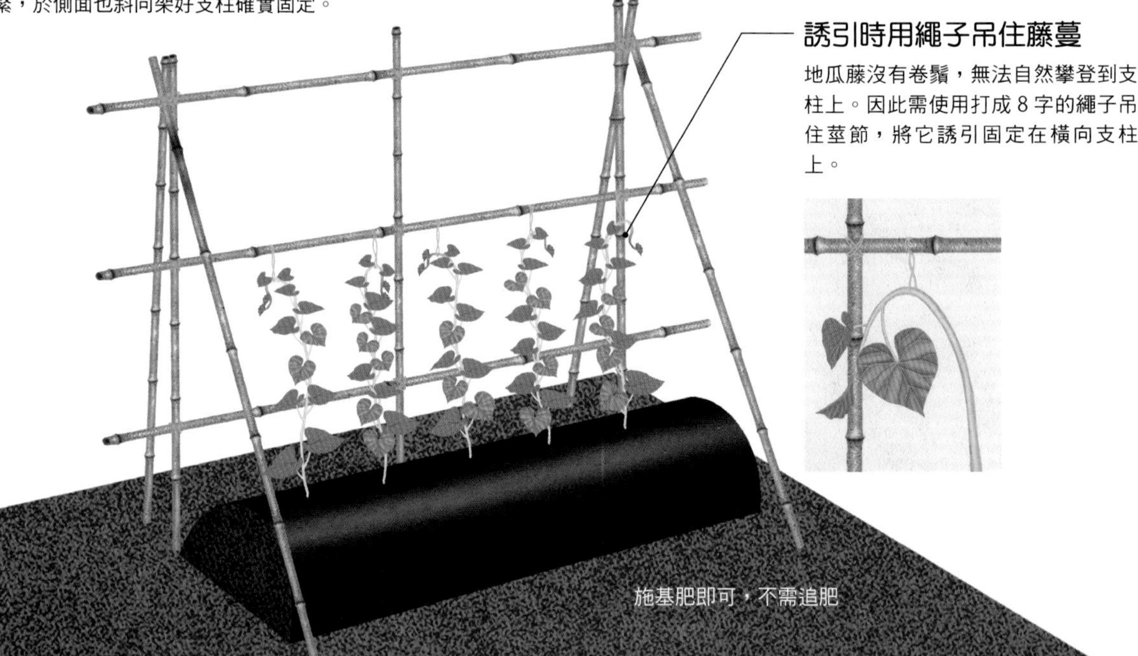

STEP 4 地瓜藤不需摘芯 使其自由生長即可

藤蔓長度超過支柱高度後，將它們披掛到支柱的另一側。

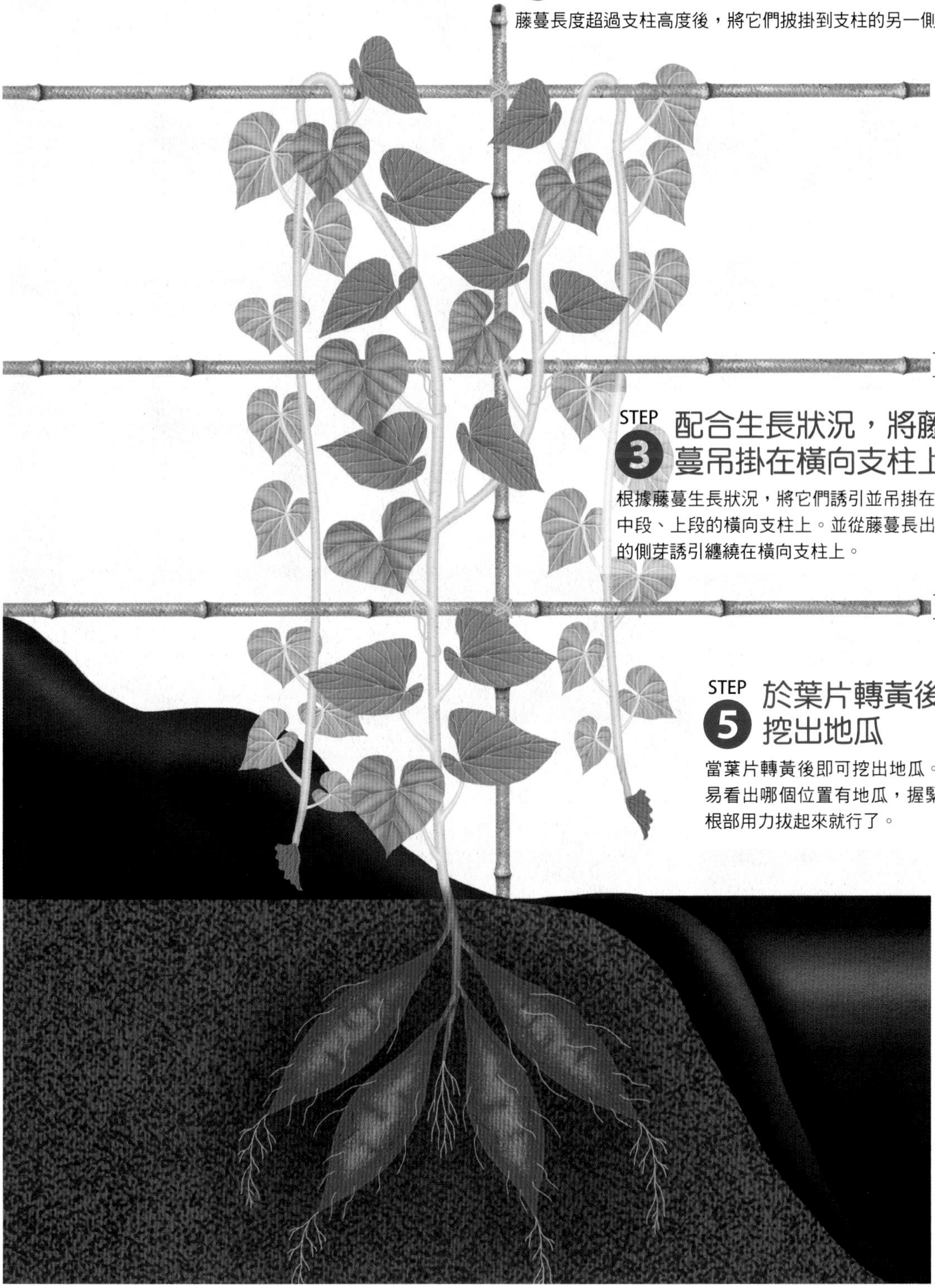

STEP 3 配合生長狀況，將藤蔓吊掛在橫向支柱上

根據藤蔓生長狀況，將它們誘引並吊掛在中段、上段的橫向支柱上。並從藤蔓長出的側芽誘引纏繞在橫向支柱上。

STEP 5 於葉片轉黃後挖出地瓜

當葉片轉黃後即可挖出地瓜。很容易看出哪個位置有地瓜，握緊藤蔓根部用力拔起來就行了。

專欄 可運用於南瓜及西瓜種植

只要增加支柱強度，用網子支撐果實使其不會掉落，就能夠運用立體栽培方式來種植南瓜及西瓜了。可在栽培空間較狹窄時使用。

種植日本山藥所需的時間非常漫長，但栽培期間中幾乎不需要照顧。形狀與日本山藥相仿，同為長根狀的長山藥、扁平形的銀杏芋及塊狀的大和芋等薯蕷科植物，栽培方式幾乎都是相同的。它們的儲藏性很高，秋天時不做採收，可直接在田裡擺放到春天也沒問題。

為使山藥發芽整齊快速，需要進行催芽處理。種薯切口處確實風乾後，埋入砂中並放置於溫暖的場所就會發芽了。它們喜歡鬆軟溫暖的土壤，請配合各品種塊莖形狀選擇適宜的翻土深度。

當藤蔓開始生長後，架設支柱並張掛爬藤網以誘引山藥藤蔓攀附。

基本栽培技巧

- 分割種薯並確實風乾切口，進行催芽處理
- 需翻鬆約1公尺深的土壤
- 架設支柱並張掛栽培網，誘引山藥藤蔓攀附

基本整枝方式 隧道誘引栽培法

STEP 1 為種薯催芽

切除種薯頂部，分切為約 100 公克的薯片，放在通風良好的溫暖場所風乾切口。接下來在保利龍箱裡放入砂子，埋入種薯。在溫暖的場所擺 2～3 週就會發芽了。當一片種薯長出複數芽株時，只需保留一株即可。

STEP 2 定植種薯

仔細翻鬆深約 1 公尺的土層。撒上基肥後再次翻土作畦，在畦面中央挖一條深約 10～15 cm的土溝。以 30 cm間隔排列已發芽的種薯，種薯上覆土約 5 cm高。

STEP 3 疏芽至只留一株並敷蓋稻草

若一片種薯發出複數芽株時，於莖條高度 10 cm左右時留下一株最粗壯的芽株並剔除其他芽株。為預防乾燥，需在植株根部敷蓋稻草。

STEP 4 架設支柱，張掛網子

於藤蔓開始生長後，架設支柱並張掛爬藤網，誘引山藥藤蔓攀附。如此做能夠抑制病蟲害發生，使植株健康成長。種植銀杏芋及大和芋時架設隧道支柱就可以了。

STEP 5 追肥、採收

6 月及 7 月時各於植株周圍追肥一次。葉片枯黃後割除枯萎的藤蔓和葉片，在薯塊周圍下鏟，挖鬆土壤後拔出。由於山藥在很淺的地方就能生長，因此挖土時需多加留意。

栽培資訊

畦面（單行種植）
畦寬：60～100 cm
株距：30 cm

所需資材
支柱（長約 210～240 cm，或隧道用支柱）
乾稻草、爬藤網、誘引繩

種植時期
（平地）4 月上旬～5 月中旬
（高冷地）4 月中旬～5 月中旬
（溫暖地）3 月下旬～4 月下旬

波浪板溝槽整枝法

有這些好處！

→薯塊會隨著傾斜埋設的波浪板溝槽生長，
不需再深翻土了
→黑色地膜有保溫和抑制雜草的效果，
可確保山藥發育健壯，品質優良
→容易採收，能夠種出筆直的長形山藥

栽培資訊

畦面（雙行種植）
畦寬：60～70 cm　株距：30～40 cm
＊保持一定的間距，錯開埋設6片長121 cm 寬32.5 cm的PVC波浪板

所需資材
支柱：長180～210 cm
地膜、爬藤網

這是一種類似第96頁介紹的牛蒡整枝方式，利用波浪板塑形的栽培法，適合於種植日本山藥、長山藥等長根系的山藥時使用。與通常種植需要翻深約1公尺的土壤相比，運用波浪板只需要翻30～40 cm就夠了。

種植時的重點是以插在波浪板邊緣的衛生筷為基準定植種薯。根系生長後很快就會頂到波浪板，之後就會延著埋在地底的波浪板筆直生長了。

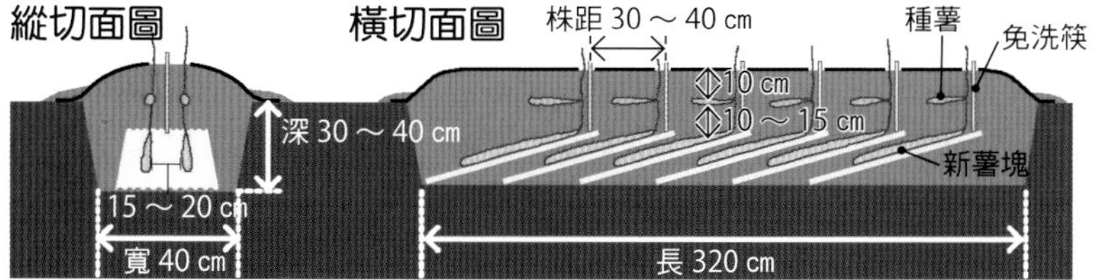

STEP 1 翻土後埋設波浪板

於畦面向下翻挖約30～40 cm深，在畦面尾端埋設一片傾斜10～20度的波浪板，覆土高度10 cm以上。為標出種薯定植位置，在波浪板邊緣拿免洗筷之類的道具插著做記號。之後在隔了30～40 cm遠的地方以相同方式埋下第二片波浪板，一樣做記號並覆10 cm左右的土。重覆相同步驟至6片波浪板全數埋設完畢，最後將挖出來的土回填即可。

STEP 2 定植種薯

以兩列定植種薯。在插了免洗塊的場所（波浪板前端），將種薯每隔15～20 cm整齊排列好。在種薯上面再覆上5～10 cm高的土，之後撒上基肥，覆蓋地膜。為了讓芽株出土時能順利生長，拿小刀在衛生筷標記處切開約15 cm的切口。要是芽株沒有從切口處冒出來，請在周圍找到它後，將芽株拉出地膜外。

STEP 3 架設支柱，張掛網子

於藤蔓開始生長後，架設交叉支柱並張掛栽培網，一開始需把藤蔓誘引到網子上，之後就會自然攀爬了。

STEP 4 追肥、採收

定植約兩個月後及第三個月時，於畦面周圍追肥。地上部枯萎後移除支柱和網子，於地表將藤蔓割除後剝除地膜。慢慢撥開衛生筷周圍的土壤，看到波浪板後以不傷到薯塊為原則，小心撥開土壤，拉出山藥塊莖。

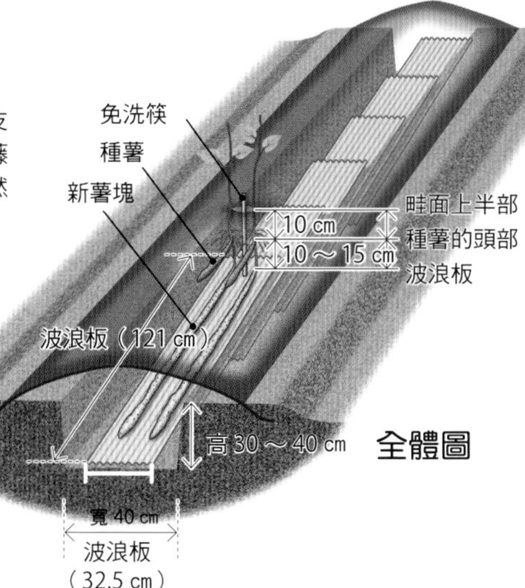

田園作業的基本知識

為了種出更美味的蔬菜，熟知一般的田園作業基礎是很重要的。在此利用圖片簡單地介紹從土壤改良起，到整枝為止的基本知識。

土壤改良、定植、施肥的基本知識

在種植作物前，需先以2週左右的時間整理出適合種植蔬菜的環境。雖然大部份蔬果都喜歡PH 6.0～6.5的弱酸性土壤，但日本的土質更容易偏酸性。因此在2週前需要先投入石灰質材料，與土壤充分混合以調整土壤酸度。

在種植前一週撒上完全腐熟的堆肥及基肥（肥料）後仔細翻土，最後再作畦。混入堆肥可增進微生物工作效率，使土壤更加鬆軟，轉變得更適合種植蔬菜。

基肥的種類和分量會因為想種植的蔬菜而有所不同。將蔬菜成長過程中需要的全部施肥量其中一半做為基肥撒布，另一半則以追肥的方式分開施用。

雖然仍要根據作物品種和土地形狀來決定，但請盡量以南北向作畦，以能均勻接受日照為基本條件。若土地有一定的斜度等狀況時，需配合等高線作畦。

A 畦寬
過大時會防礙到作業。寬度請保持在人手從通道能輕易搆得著，且能順利作業的範圍內。

D 表土
田園的表層土壤，又被稱為耕土層。仔細翻土後使農作物根系在內生長，可保持土壤鬆軟。

C 畦面
堆高土壤可保持良好的排水及通氣性。同時也增加了表土量，使根系更有足夠空間生長。

B 通道
取大約50～60㎝寬，可保持日照及通風良好，使蔬菜更為健壯。也能提高追肥及採收作業的效率。

平畦與高畦

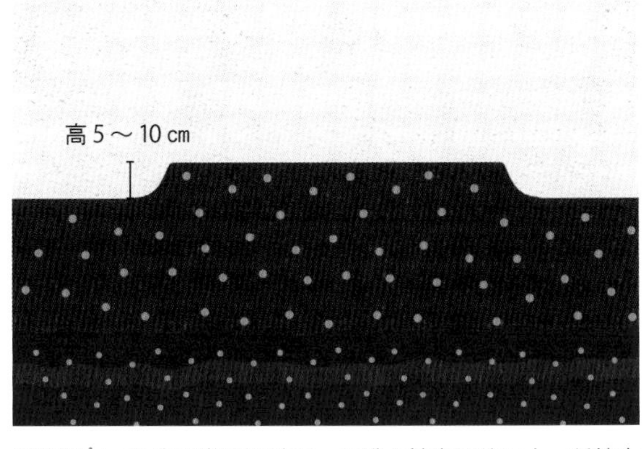

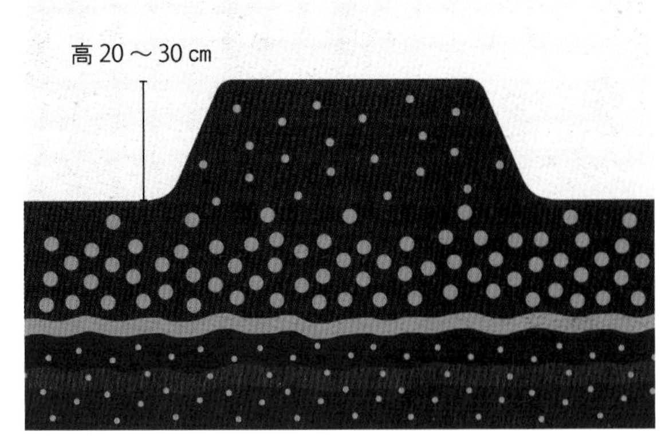

平畦 為比較常用的畦面。在排水性良好的田土，種植喜歡適當濕度的蔬果時使用。

適合蔬果 →茄子、青椒、小黃瓜、毛豆、菜豆、小松菜、菠菜、大頭菜、紅蘿蔔等

高畦 於種植喜歡乾燥的蔬果、根系較長的根莖類蔬菜，以及需要在排水性較差的田土種植其他蔬果時使用。

適合蔬果 →蕃茄、地瓜、西瓜、白蘿蔔、高麗菜、花椰菜、大白菜等

播種、 定植

播種作業重點

蔬果品種除了影響外觀顏色形狀不同外，還有種植難易度、病蟲害抗性、耐病性等各種不同的特色，購買自己喜歡的品種就可以了。相同種類的蔬果主要依據栽培時間長短分成短期間即可採收的早生種，需要較長時間的晚生種及介於兩者之間的中生種，總共三大類別。建議新手挑選容易栽培且短時間即可採收的早生種來種植。

播種的重點在於保持適當水份。水份多寡都會影響到發芽狀況。若土壤過乾，在播種前一天先充分對畦面澆水後再播種，在種子上適量覆蓋濕潤土壤後，以掌心輕輕壓平。

定植作業重點

幼苗的好壞會影響日後成長狀況，挑選幼苗非常重要。大致上除了葉片挺直飽滿，沒有得病及受到害蟲侵害等可從外觀辨識的健康度外，也需要檢查苗株大小（生長階段）、葉片枚數、花苞和開花狀態等。「本葉○～○片」「株高○～○cm」「第一朵花或花蕾開始綻放」等外觀狀態，可用來做為苗株是否已長到適合定植大小的基準。

果菜類幼苗分成由種子培育出的「實生苗」及嫁接在擁有抗病性等優點的砧木上的「嫁接苗」兩類。若擔心會因為連作而發生土壤性傳染病時，雖然跟實生苗相較價格較高，但仍推薦選用嫁接苗種植。

施肥

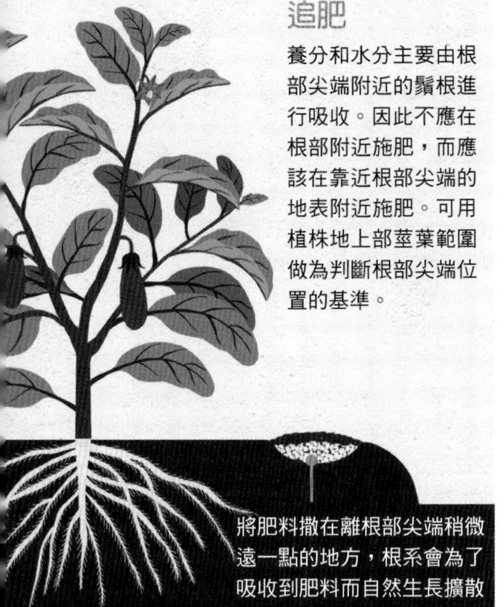

追肥

養分和水分主要由根部尖端附近的鬚根進行吸收。因此不應在根部附近施肥，而應該在靠近根部尖端的地表附近施肥。可用植株地上部莖葉範圍做為判斷根部尖端位置的基準。

將肥料撒在離根部尖端稍微遠一點的地方，根系會為了吸收到肥料而自然生長擴散

栽培期間需要的施肥量，大致上是依照不同的蔬果種類決定的。施用過多基肥，可能會因為肥料濃度過高而造成肥傷，或因為澆水等因素使肥料流失而做白工。因此一般會分成基肥和追肥各別施用。定植後經過 1 個月左右，觀察植株生長狀況每隔 2 ～ 3 周再追肥就可以了。

全層施肥 （基肥）

將預定作畦部份全部撒上肥料，仔細翻土後再作畦。

適合蔬果 →白蘿蔔、紅蘿蔔、大頭菜、小松菜、菠菜等

條施 （基肥）

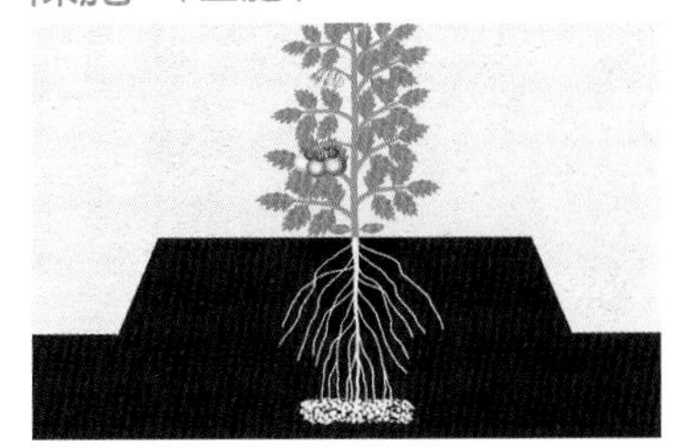

在蔬果植株正下方挖出深度和寬度各約 20 cm的土溝。往溝內撒滿肥料並填平土溝，之後再作畦。

適合蔬果 →蕃茄、茄子、青椒、高麗菜、大白菜

敷蓋、遮蓋、隧道棚架的基本知識

善用農業資材，不僅能促進農作物生長，也能種植出品質更好的蔬果。

用資材覆蓋畦面又被稱為「敷蓋（mulching）」，一般利用塑膠膜或乾稻草等資材實施。在定植幼苗前以聚乙烯製塑膠膜（農膜）敷蓋於畦面上，可調整土溫及含水量以及抑制雜草生長等，擁有複數功效。而在栽培途中在植株根部附近敷蓋的稻草或乾草，則是擁有抑制土溫升高等功效的天然資材。

利用遮蓋物或隧道式栽培整體包覆植株，可提高保溫效果，促進發芽及成長發育。不分季節均可使用，在預防蟲害、防風、保濕、遮光等用途上均有功效。

A 預防病蟲害
可抑制泥土因雨水、澆水等濺起而黏著於莖葉上。如此一來能夠預防由土壤中病原菌造成的蕃茄、茄子疫病，及小黃瓜的露菌病等病害發生。此外，運用銀色地膜等能夠反光的地膜時，能夠防止忌避反射光的蚜蟲等害蟲入侵危害。

B 抑制雜草
使用較不透光的資材，可抑制雜草種子發芽。即使順利發芽也會因無法進行光合作用而枯萎。

C 調節土溫
在氣溫較低時可提高土溫促進成長，而氣溫較高時則可抑制土溫過度提升，以防止根系受到傷害。

D 防止土壤固結
保護表土不受風雨吹打，可防止土壤固結或流失。土壤內的團粒結構也較不易被破壞，可長期保持土壤鬆軟。

E 避免肥料流失
避免可溶於水的肥料被雨水沖走流失，使肥料不被浪費。

F 防止乾燥
抑制水份從地表蒸發散失，可緩和土壤乾燥過程。

如何敷蓋地膜

STEP
③ 將土壤踩實以固定地膜

將地膜邊緣放入溝中，覆土壓緊。拉緊地膜直到能從倒影看見自己的臉，確實固定地膜以避免被強風吹走。

敷蓋地膜的要領是注意畦面平整，且須拉緊地膜。將地膜邊緣埋在土中牢牢固定。地膜功效隨顏色而有所不同，請選擇效果適合自己需求的種類使用。

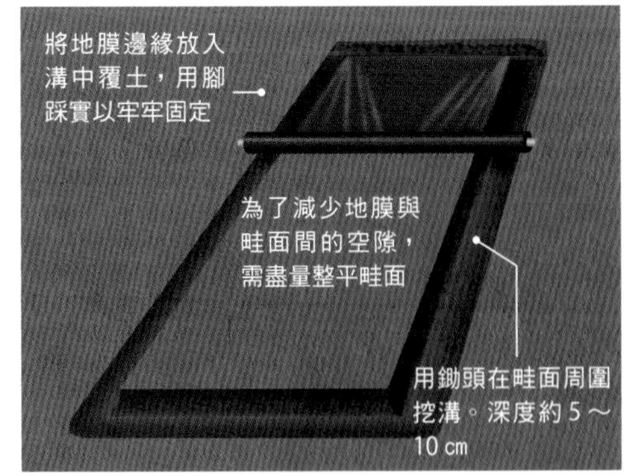

STEP
① 挖溝、 固定地膜邊緣

在畦面周圍挖溝以固定地膜。將地膜對齊畦面其中一端，覆土並牢牢固定。

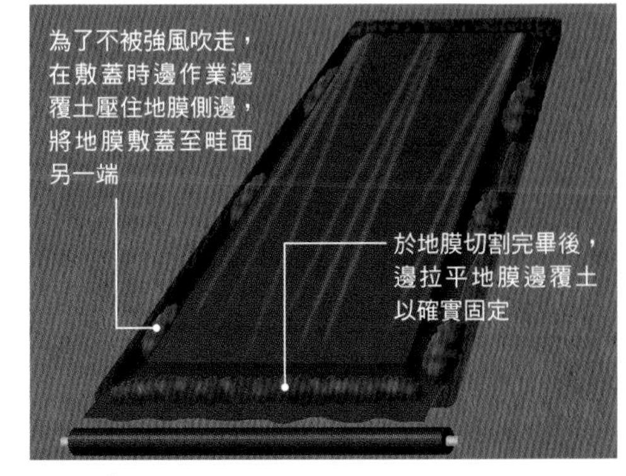

STEP
② 張開地膜

張開地膜直到能蓋住整個畦面為止。注意左右側不能歪斜。切割地膜後覆土固定位置。

利用被覆資材遮蓋及隧道式栽培

遮蓋

遮蓋指的是將資材直接覆蓋在蔬果植株上面。主要使用資材為輕薄且具有透氣性，及水份穿透性的不織布。可覆土固定資材邊緣，或是用地釘固定以確保資材不會被強風等剝除。擁有保溫及防霜、防蟲、防鳥等效果。

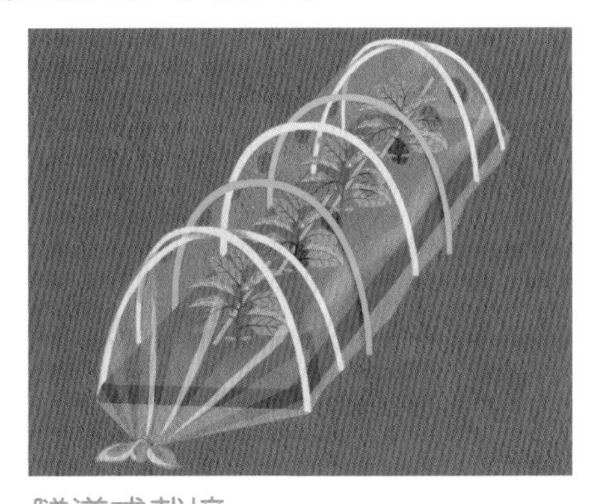

隧道式栽培

架設橫跨畦面的半圓型支柱，在支柱上覆蓋隧道用資材，以營造出半橢圓形的空間。被覆資材有擁有良好透氣性能的防寒膜及防蟲網，以及能夠有效保溫的 PVC 及 PE 農膜等。

將資材覆蓋在蔬果植株上的方式，主要分為遮蓋和隧道式栽培兩種。直接於畦面上進行的遮蓋，於播種及促進幼苗生長特別有效。而有一定高度的隧道式栽培，則由於隧道內部有寬廣空間，與遮蓋相比更能對應蔬果生長。

支柱架設的基本知識

於種植植株較高的蕃茄及小黃瓜等蔬果時，一般均需架設支柱以誘引枝蔓。莖葉生長茂盛後重量也會隨之增加，長出果實後更會增加不少重量，因此支柱越堅固越好。

雖然還得根據種植株數和面積決定，但進行雙行種植時最好可以配合架設交叉支柱。將支柱插入土中約30cm深，使插在畦面兩側的支柱中上段互相交錯。

交叉部位再橫向擺一根支柱補強結構，最後再用繩子將各支柱交錯處牢固綁緊。

繩結絕對不能鬆鬆垮垮的，一定要綁緊。若支柱側面仍會搖晃，可以再從斜向架設支柱後牢固綁緊以增加整體強度。

交叉支柱架設方式

適合於雙行種植蕃茄及小黃瓜時使用。
由於外觀看起來像兩根支柱互相交錯，
所以又被稱為交叉支柱。

STEP 1 決定位置

以畦寬 60 ～ 70 cm、株距 40 ～ 50 cm左右的間隔做為架設支柱時大致上的位置。若有需要請在架設支柱前先敷蓋地膜。

STEP 2 決定支柱長度

依照植株數目及橫向補強結構所需支柱數量，準備好要用的支柱尺寸。插入土中的部份以大約 30 ～ 40 cm計算，並決定需要的長度。

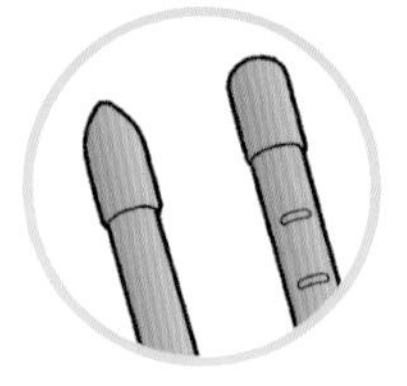
尖端插入土中

STEP 3 斜向插入土中

從畦肩往內側傾斜，將長約 30 ～ 40 cm的支柱插入土中。

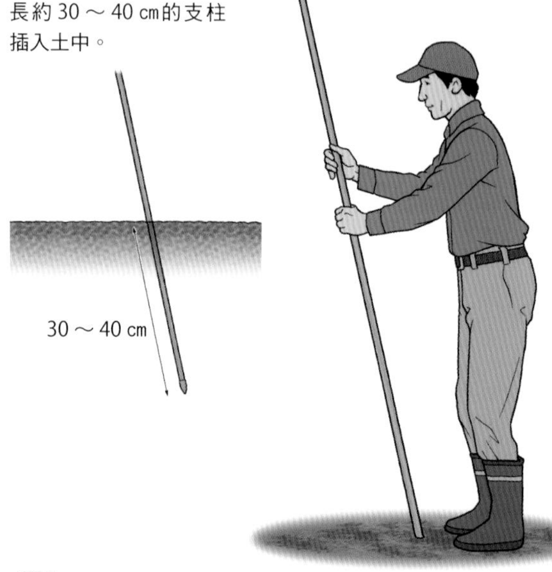

STEP 4 取 40 ～ 50 cm間隔依次對齊及架設

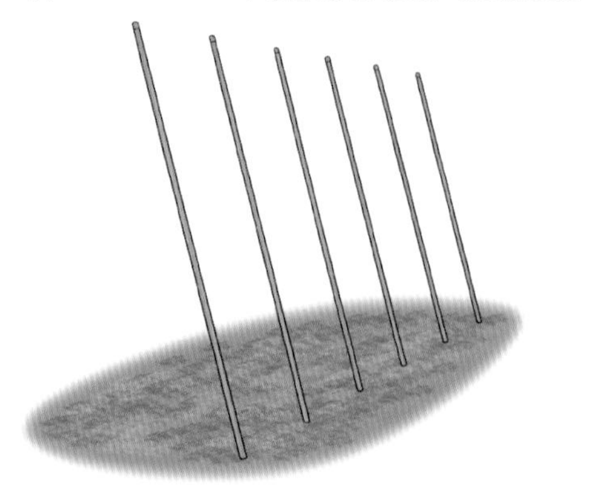

對齊角度，取 40 ～ 50 cm間隔依次將支柱插入土中。
之後還能夠微調角度，不需要太過在意。

斜向支柱架設方式

當種植場所有強風吹拂等情況時，可斜向架設支柱補強結構，以防止支架左右搖晃。

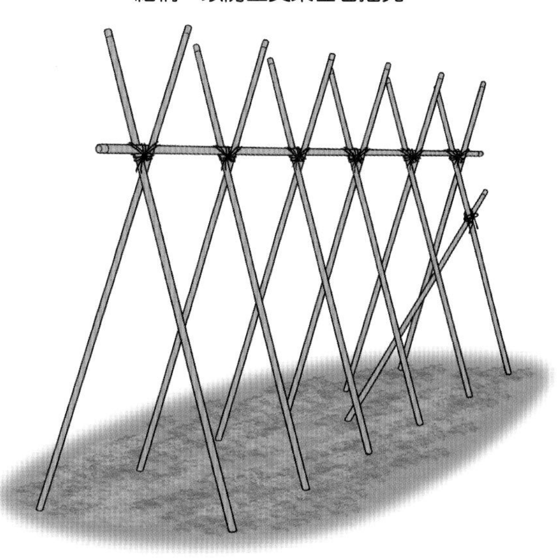

在兩行間距正中間，挑選不會影響植株生長的地點，從側面取 45 度角斜向插一根長約 120 ～ 150 ㎝的支柱。以維持 45 度角傾斜為前提，將交叉處與最外側的支柱綁緊。從水平方向輕微搖晃支柱，以確定斜向支柱是否增強了橫向強度。

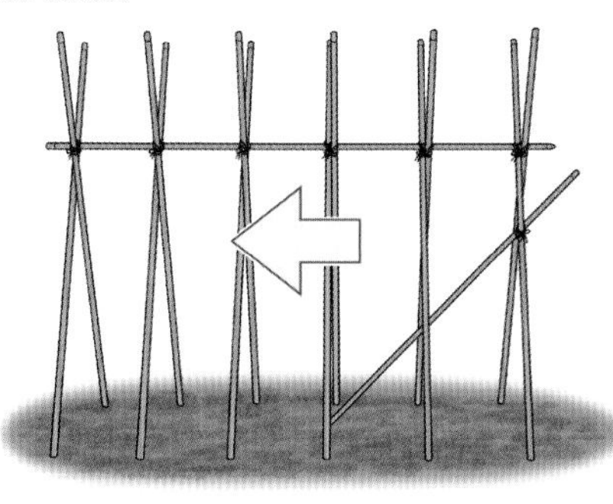

另一側也以相同方式插上斜向支柱，並確認相反方向的受力強度。

幼苗定植注意事項

進行定植時，離自己近的這一側要把幼苗種在支柱右邊，而較遠一側則種在支柱左邊，保持株距相等。

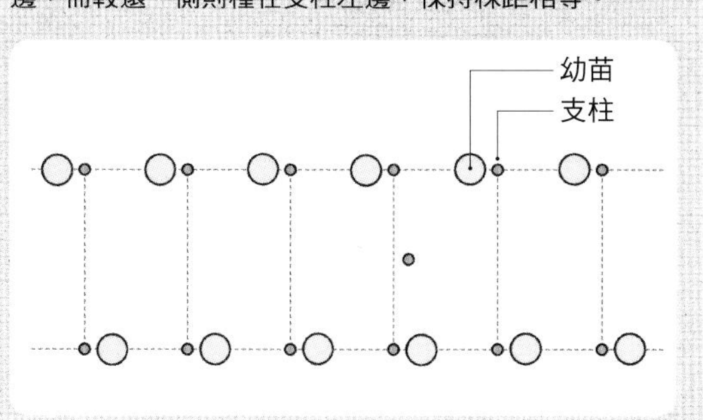

STEP

5 左右對稱架設

在另一側以相同方式插上支柱，以眼睛平視高度做為交叉點。交叉位置太高會妨礙作業效率，而過低時則會影響支柱的穩定度。

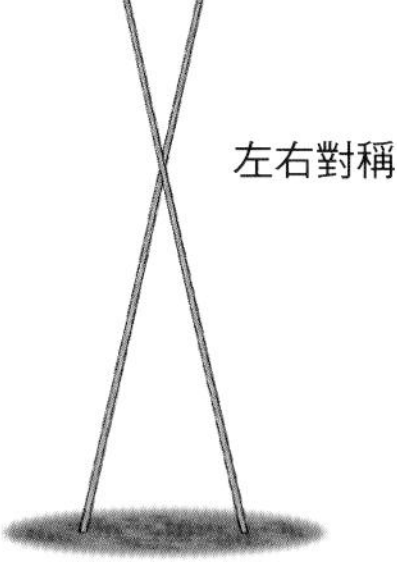

STEP

6 對齊角度和位置

到此為止就完成基本架構了。對齊支柱角度及交叉點高度。

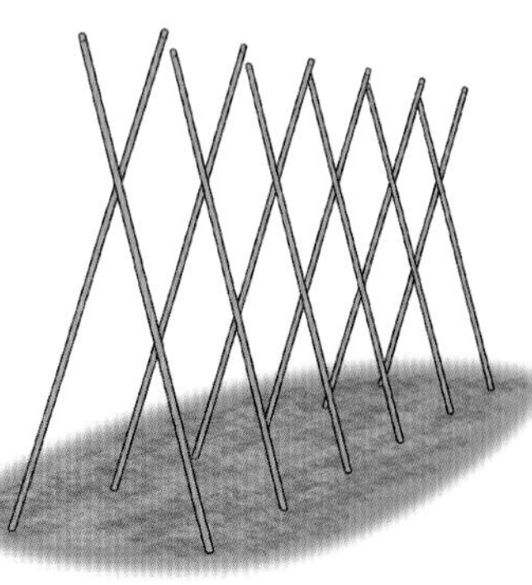

STEP

7 橫向架設支柱

將支柱橫向放置在交叉點上，用繩子綁緊。固定時不要一組一組綁，先固定頭尾比較容易維持高度相同。

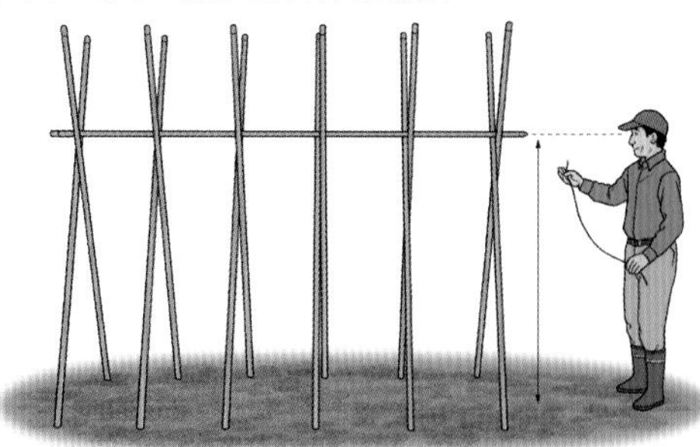

STEP

8 確認強度

輕微搖晃支柱，以確定橫向支柱是否增強了垂直方向強度。若水平方向不夠穩固則需再於斜向架設支柱補強。

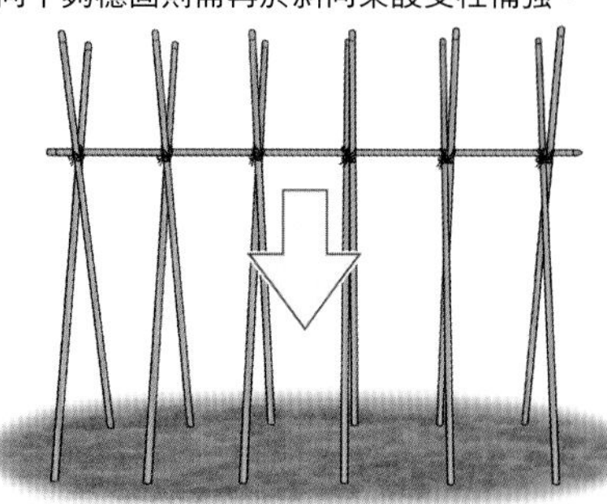

交叉支柱的繩結固定方式

這是最為穩固的固定方式。為了要牢牢固定從三個不同方向交叉在一起的三根支柱，需要重覆進行「用繩索兩兩固定支柱後將繩索穿過支柱中心」這件事。

STEP

1 選擇繩索

選擇較不易滑動的麻繩之類的繩索，長度約 100～120 cm左右。

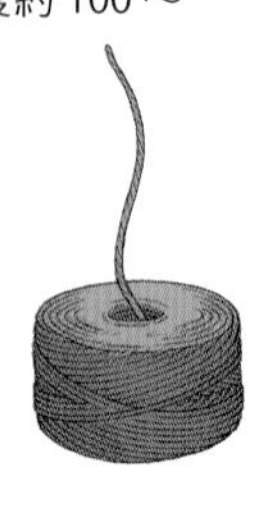

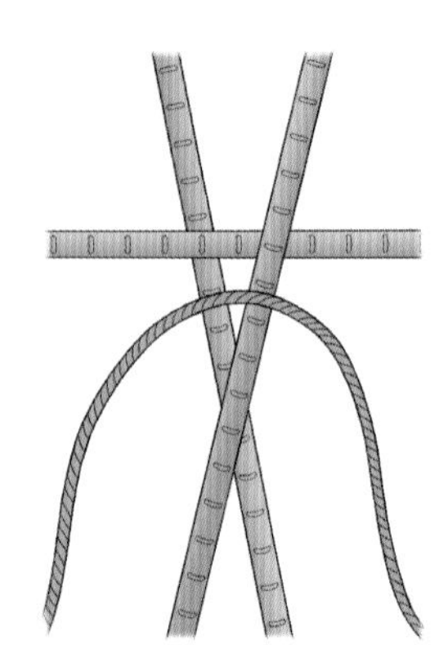

STEP

2 橫向纏兩圈

在 AB 支柱交叉處附近用繩索纏兩圈。

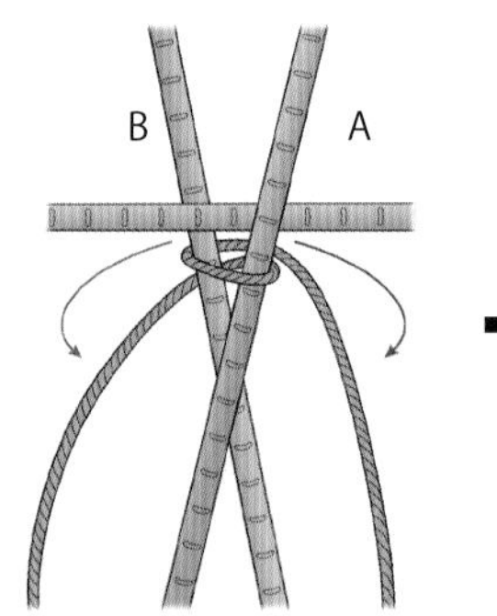

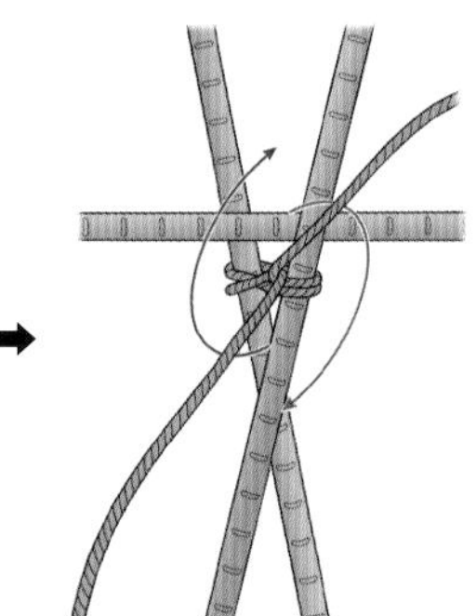

STEP

3 右側斜纏兩圈

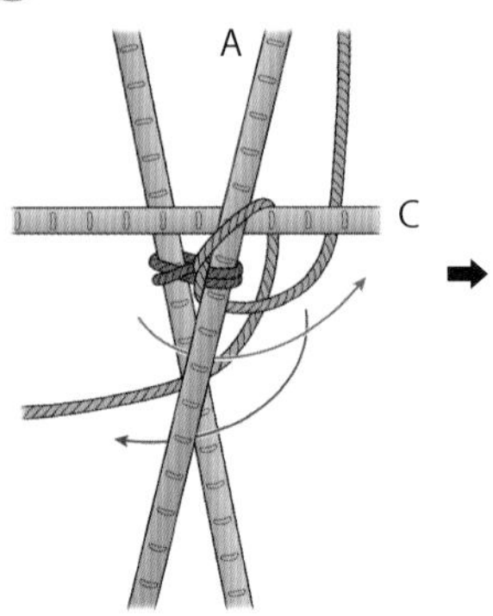

在 AC 支柱交叉處也用繩索纏兩圈。

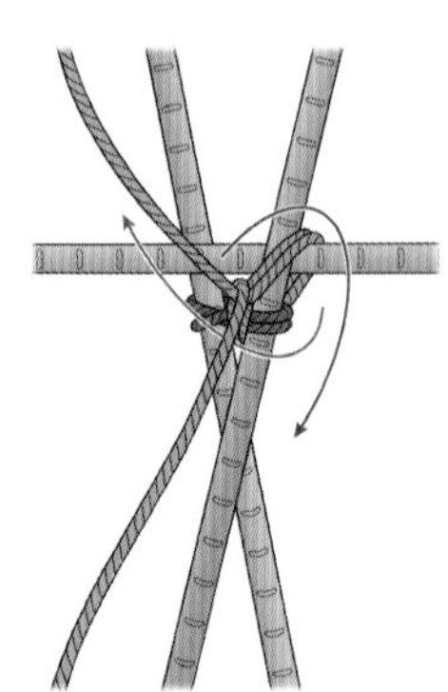

綁緊後將繩索穿過支柱中心打個單索結。

STEP

4 左側斜纏兩圈

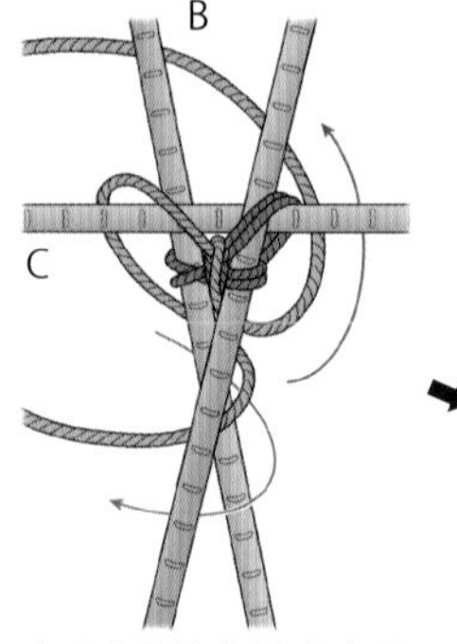

在 BC 支柱交叉處也用繩索纏兩圈。

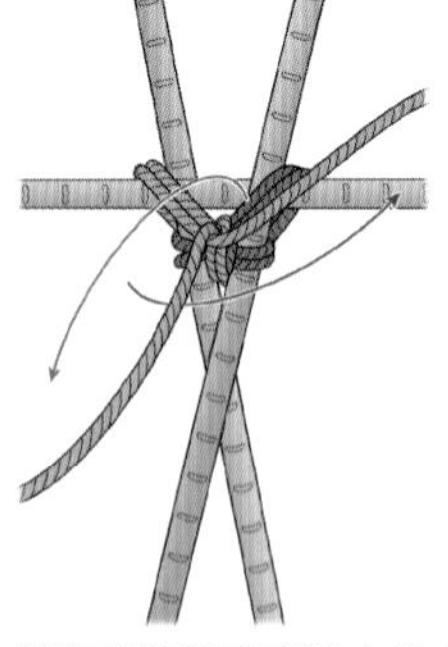

綁緊後將繩索穿過支柱中心打個單索結。

拉緊繩索打上單蝴蝶結。像這樣將三根支柱牢牢固定後將繩索穿過中心點再打上半扣結，就能綁得非常穩固了。

●想綁得更堅固時

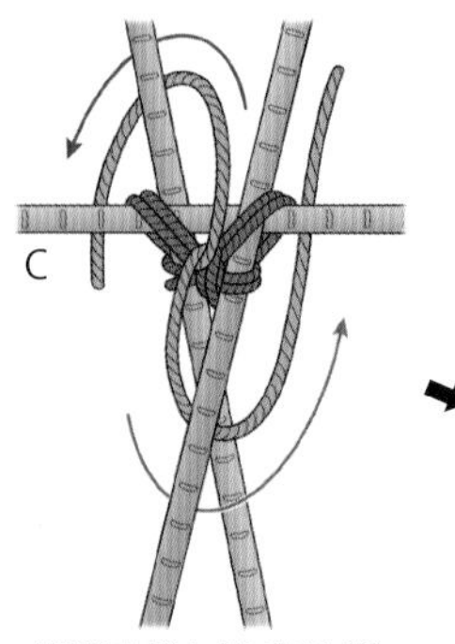

想要再增加強度的話，將繩索穿過 C 和繩結中心就可以了

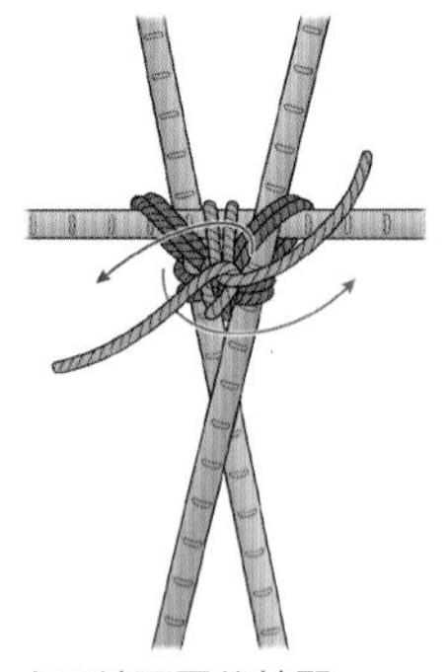

水平纏兩圈後拉緊

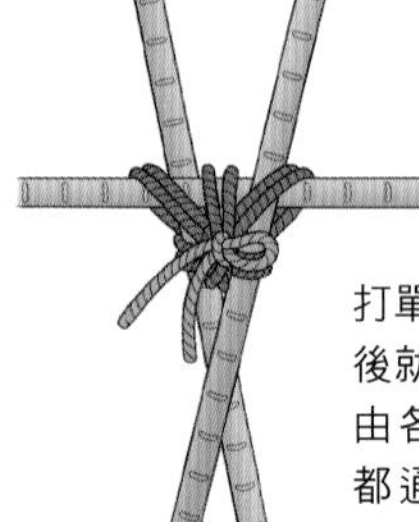

打單蝴蝶結。如此結繩後就不太可能鬆脫了。由各方向來的繩索全都通過中心點，能夠互相支撐補強。

兩條繩索的固定方式

在此介紹兩種易打易解的結繩方式。

蝴蝶結

STEP 1 使用兩條長約 50 ～ 60 cm的繩索，將它們橫向互相交纏。

STEP 2 在其中一側拉起一個圓圈。結繩時需用手指壓緊它和另一條繩索的交纏部份。

STEP 3 將另一條繩索纏繞壓住先前的圓圈。

STEP 4 將該繩索對折穿過第二個圓圈後，左右拉扯綁緊繩結。

單蝴蝶結

STEP 1～3均相同

STEP 4 將繩索穿過第二個圓圈後，拉扯綁緊繩結。

斜向支柱的繩結固定方式

在用來誘引藤蔓或枝條的支柱上斜向插入補強用支柱時，需要以下列方式固定。

STEP 1 水平纏兩圈

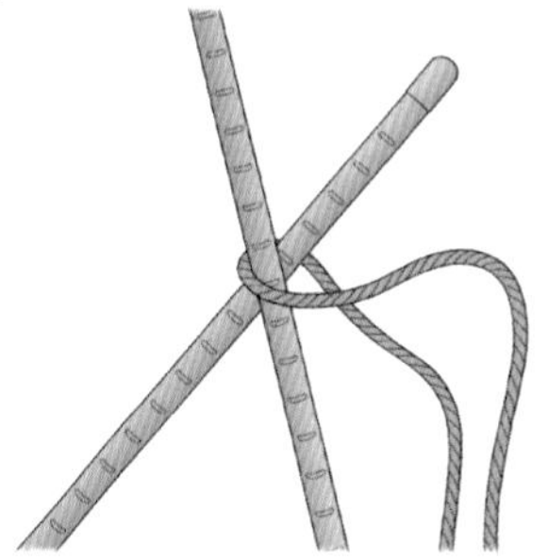

使用 50 ～ 60 cm長的繩索，在兩根支柱交叉處橫向掛上繩索

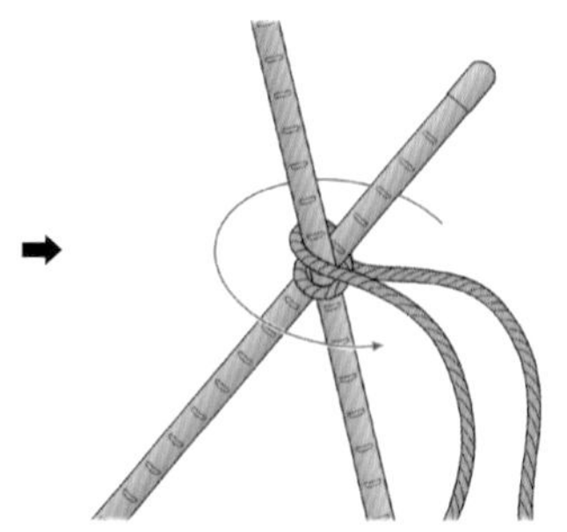

纏兩圈後拉緊，打個單索結

STEP 2 垂直纏兩圈

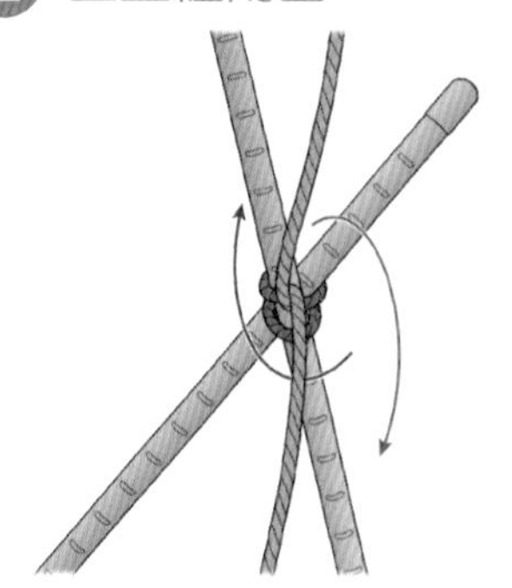

將繩索調整到垂直方向

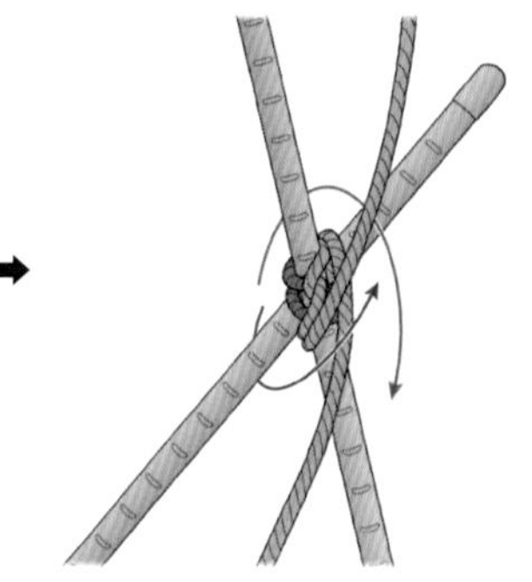

纏兩圈後拉緊，打個單索結

STEP 3 從側面往垂直方向再纏兩圈

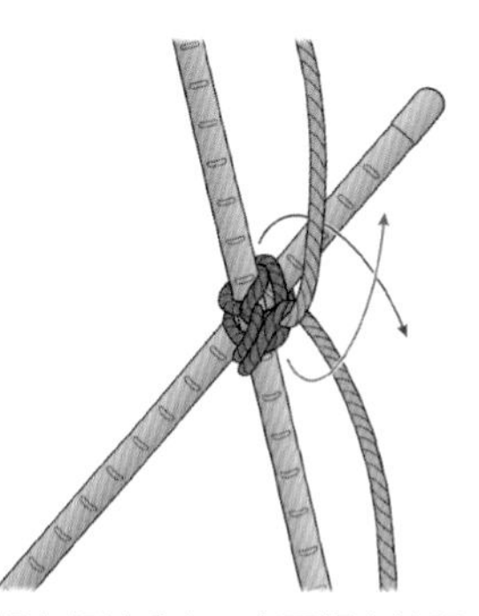

繩索保持垂直，在兩根支柱間纏兩圈後拉緊繩索

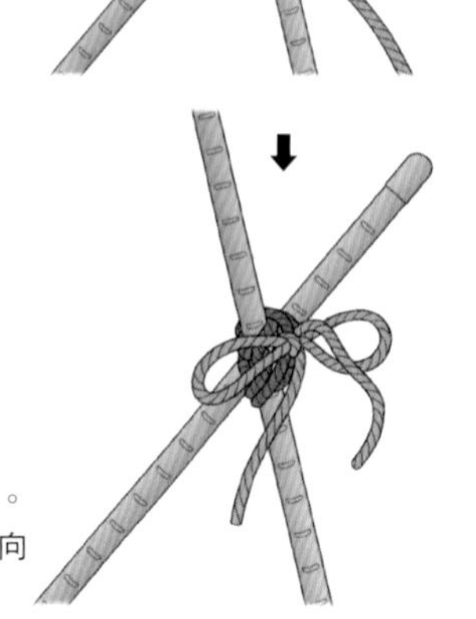

打上蝴蝶結就完成了。共由垂直、水平、斜向等三個方向施力固定

【栽培指導】

麻生健洲 （P14-15、26-27、30、34-35、38-39、44-45、50、52-54、56-57、62-63、66-67、78-81、86-88、94-99、102-107）
伊東 久 （P18-19、74-75、100-101）
五十嵐 透 （P55、68-69、104-105、108-111）
川城英夫 （P36-37、64-65）
木嶋利男 （P16-17、89、90-91）
豊泉 裕 （P22-23、72-73）
根岸 稔 （P12-13、28-29、31、40-41、58-59、70-71、82-83）
藤田 智 （P10-11、24-25、32-33、60-61）
本多勝治 （P42-43、46-47、51）
元木 悟 （P48-49、84-85）
涌井義郎 （P20-21）
渡邉俊夫・澄江 （P76、92）
加藤哲郎 （P105）

TITLE

長得好！採得多！蔬果整枝超圖解

STAFF

出版 瑞昇文化事業股份有限公司
編者 「やさい畑」菜園クラブ
譯者 王幼正

總編輯 郭湘齡
文字編輯 徐承義 蔣詩綺 李冠緯
美術編輯 孫慧琪
排版 曾兆珩
製版 印研科技有限公司
印刷 桂林彩色印刷股份有限公司

法律顧問 經兆國際法律事務所 黃沛聲律師

戶名 瑞昇文化事業股份有限公司
劃撥帳號 19598343
地址 新北市中和區景平路464巷2弄1-4號
電話 (02)2945-3191
傳真 (02)2945-3190
網址 www.rising-books.com.tw
Mail deepblue@rising-books.com.tw

初版日期 2019年4月
定價 350元

ORIGINAL JAPANESE EDITION STAFF

監修者 麻生健洲
編集協力 豊泉多恵子
イラスト 山田博之、小田啓介、前橋康博、若松篤志、笹沼真人、勝山英幸
写真 瀧岡健太郎、大鶴剛志、菊地 菫（家の光写真部）
校正 佐藤博子
デザイン コンボイン
DTP制作 明昌堂

國家圖書館出版品預行編目資料

長得好!採得多!蔬果整枝超圖解 / 「やさい畑」菜園クラブ編著；王幼正譯. -- 初版. -- 新北市：瑞昇文化, 2019.04
112 面；18.2 x 25.7公分
ISBN 978-986-401-327-2(平裝)

1.蔬菜 2.果樹類 3.栽培

435.2 108004312